2020年全国一级建造师专业考试案例分析必做108题

优路教育全国一级建造师执业资格考试研究院　编写

中国建筑工业出版社

图书在版编目（CIP）数据

2020年全国一级建造师专业考试案例分析必做108题/优路教育全国一级建造师执业资格考试研究院编写．—北京：中国建筑工业出版社，2020.5

ISBN 978-7-112-25081-3

Ⅰ.①2…　Ⅱ.①优…　Ⅲ.①建筑师-资格考试-习题集　Ⅳ.①TU-44

中国版本图书馆CIP数据核字（2020）第076505号

知己知彼，百战不殆。本书以全国一级建造师执业资格考试专业实务大纲为蓝本，以近十年真题为基础，加入标准模拟题与实务案例考试中的重要考点，深入剖析答题技巧，优化评分细则。全书分为十章，108道题，其中24道计算型考点实务操作和案例分析题，16道理解型考点实务操作和案例分析题，54道记忆型考点实务操作和案例分析题，14个考试必备标准答题模板，涵盖十大专业实务考试中的72个案例必备一级考点。随书附赠专业科目实务操作和案例分析高清网络课程，旨在帮助广大读者能迅速掌握考试重点，提升答题技巧。

责任编辑：李笑然　牛　松

责任校对：王　瑞

2020年全国一级建造师专业考试案例分析必做108题

优路教育全国一级建造师执业资格考试研究院　编写

*

中国建筑工业出版社出版、发行(北京海淀三里河路9号)

各地新华书店、建筑书店经销

北京鸿文瀚海文化传媒有限公司制版

北京同文印刷有限责任公司印刷

*

开本：787×1092毫米　1/16　印张：12¼　字数：294千字

2020年6月第一版　2020年6月第一次印刷

定价：**32.00**元

ISBN 978-7-112-25081-3

（35805）

《2020 年全国一级建造师专业考试案例分析必做 108 题》

编写委员会

主　编：李向国

副主编：戚振强　李建华　贾世龙　刘晓东

主　审：彭兴强　许名标　胡　云　康拥政

前　言

建造师执业资格制度起源于1834年的英国，旨在培养懂管理、懂技术、懂经济、懂法规、综合素质较高的综合型人员。自2002年12月5日原人事部、建设部联合印发《建造师执业资格制度暂行规定》（人发〔2002〕111号）以来，中国的建造师便成为从事建设工程项目总承包和施工管理关键岗位的专业技术人员的代名词。因此一级建造师作为一种建筑类执业资格，更是受到广大从事该行业的人员的强烈追捧。然而，纵观历年数据发现，考生数量逐年增加，但考试通过率一直很低，尤其是专业实务科目，让不少考生眼花缭乱，不知如何学习备考。

本书是为帮助广大考生解决这一难题而特意编写的：根据一级建造师专业考试实务操作和案例分析题考试内容来进行梳理，将进度、成本、招标投标、合同、信息、安全、质量、现场、标准及答题模板等内容紧密联系在一起的同时，添加与三大公共科目（经济、管理、法规）相关联的新条例和考点，使得考生能够快速掌握实务操作和案例分析题考试的重点、难点和得分要领。

全书分为十章：

第一章　网络计划：用双代号网络计划图、双代号时标网络计划图讲解网络计划基本知识。7道典型例题讲解网络计划7种经典题型。7道真题、3道综合例题全面剖析网络计划与索赔的结合、与进度计划内容、与流水施工的结合、与赢得值的结合、与相关费用的结合，使得进度计划备考万无一失。

第二章　流水施工：从流水施工参数、组织形式、计算绘制横道图来理解3种参数、4种组织形式、4张图形。4道真题、1道模拟习题，帮助考生启发解题思路。

第三章　成本管理：建筑安装工程费用组成的6个记忆口诀、理解相关费用计算的22个公式。7道真题、2道综合例题对相关费用进行全方位强化练习。

第四章　招标投标：18个考点一网打尽，8道相关练习掌握出题形式及答题技巧。

第五章　合同管理：14个考点综合复习案例合同内容，6道真题、2道综合练习全面剖析合同组成、合同索赔内容、程序与资料、设计变更、合同类型以及基于合同各方义务与责任。

第六章　信息管理：2个一级考点，6道真题细致讲解施工资料的组卷、移交、归档、备案、质量保修期限、义务和保证金问题。

第七章　安全管理：6个一级考点，14道真题、1道模拟练习系统讲解安全问题原因、安全事故处理要点、安全事故、三方安全责任、安全教育、危险性较大分部分项工程管理办法。

第八章　质量管理：7 个一级考点，15 道真题系统讲解工程质量问题、措施及处理工程、质量事故、三方安全责任、验收程序、资料移交与归档。

第九章　现场管理：4 个一级考点，10 道真题系统讲解扰民类问题处理要点、环境保护、安全文明施工、施工总平面图、施工临时用水、施工现场防火绿色施工。

第十章　规范标准：10 个一级考点，8 道真题系统讲解现场管理相关程序。

另附实务操作和案例分析题标准答案与模板，14 个考试必备标准答题模板，纠正答题误区、规范答题，同等基础更高得分！

全书共 24 道计算型考点实务操作和案例分析题，16 道理解型考点实务操作和案例分析题，54 道记忆型考点实务操作和案例分析题，14 个考试必备标准答题模板，合计 108 道经典实务操作和案例分析题，涵盖十大专业实务考试中的 72 个案例必备一级考点。

本书附赠专业科目实务操作和案例分析高清网络课程，扫描封面二维码即可领取，助您取得理想成绩！

十大实务科目通用，只给真正想要通过一级建造师考试的考生！

由于编者水平有限、时间紧促，难免有疏漏之处，恳请广大读者批评与指正。

目　　录

第一章　网络计划

核心考点	基本概念	双代号网络计划基本概念
		双代号时标网络计划基本概念
	参数计算	双代号网络计划工作时间参数的计算
		双代号时标网络计划会看10个参数
		实务考试网络计划的要求
	考试题型	确定关键线路、关键工作、计算工期
		工期索赔计算
		资源一定的条件下，方案优选
		实际进度前锋线检查工程进度
		绘制网络图
		工期奖罚计算
		工期优化计算
经典考题		

第一节　网络计划核心考点

根据我国《工程网络计划技术规程》JGJ/T 121—2015推荐常用的工程网络计划类型有四种：①单代号网络计划；②单代号搭接网络计划；③双代号网络计划；④双代号时标网络计划。

考点一：网络计划的基本概念

一、双代号网络计划基本概念

由节点加箭线首尾顺次相连，组成的网状的图形称为网络图，图上带有持续时间称为网络计划，网络计划实质是进度计划，表示工作何时开始和何时结束，如图1.1.1所示。

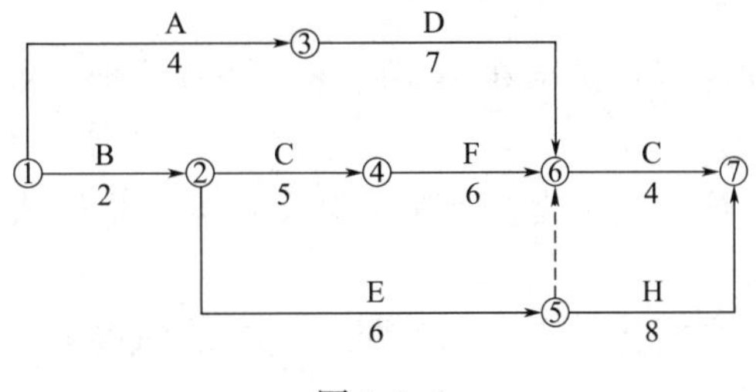

图1.1.1

1. 节点

（1）起点节点；（2）中间节点；（3）终点节点。

里面的数字表示节点的编号，节点规则：头大尾小。

2. 箭线

（1）实箭线加两端节点表示实工作，箭线上表示工作名称（字母或文字），箭线下表示持续时间。

（2）虚箭线加两端节点表示虚工作，箭线上下或左右无内容，表示工作之间的紧前紧后的逻辑关系。具体作用：联系、区分、断路；表现形式：虚箭线或零线。

（3）工作之间关系：平行工作、紧前工作、紧后工作（注意虚线）。紧前工作和紧后工作是相互的。

3. 线路

从网络计划起点节点顺着箭头方向走到终点节点，所经过的路径称为线路。在各条线路中，有一条或几条线路的总持续时间最长称为关键线路，关键线路上的工作称为关键工作，关键线路上的节点称为关键节点。其他线路长度均小于关键线路称为非关键线路。

4. 逻辑关系

（1）工艺关系：生产性工作之间由工艺过程决定的、非生产性工作之间由工作程序决定的先后顺序叫做工艺关系。（顺序不可颠倒）

（2）组织关系：工作之间由于组织安排需要或资源（人力、材料、机械设备和资金等）调配需要而规定的先后顺序关系称为组织关系。（顺序可以颠倒）

（3）逻辑关系（先后顺序）：文字描述给出，表格给出，实物给出。

5. 网络计划时间参数

（1）工作持续时间：D_{i-j}＝工程量/（人数×产量定额）。

（2）整体参数：计算工期 T_c，（计划工期 T_p，要求工期 T_r）。

（3）工作间参数：LAG_{i-j} 相邻两项工作之间的时间间隔，时标网络计划中波形线。

（4）工作时间参数：

ES_{i-j}	LS_{i-j}	TF_{i-j}
EF_{i-j}	LF_{i-j}	FF_{i-j}

1）最早开始时间（ES_{i-j}）是指在各紧前工作全部完成后，工作 $i-j$ 有可能开始的最早时刻。

2）最早完成时间（EF_{i-j}）是指在各紧前工作全部完成后，工作 $i-j$ 有可能完成的最早时刻。

3）最迟开始时间（LS_{i-j}）是指在不影响整个任务按期（T_p）完成的前提下，工作 $i-j$ 必须开始的最迟时刻。

4）最迟完成时间（LF_{i-j}）是指在不影响整个任务按期完成的前提下，工作 $i-j$ 必须完成的最迟时刻。

5）总时差（TF_{i-j}）是指在不影响总工期（T_p）的前提下，工作 $i-j$ 可以利用的机动时间。

例如：某工作总时差 $TF=4$ 天，由于某事件发生造成实际进度延误 5 天，延误工期 $5-4=1$ 天。

例如：某工作总时差 $TF=4$ 天，由于某事件发生造成实际进度延误 3 天，延误 3 天未超出总时差 4 天，不延误工期。

6）自由时差（FF_{i-j}）是指在不影响其紧后工作（看好一个紧后还是多个紧后）最早开始的前提下，工作 $i-j$ 可以利用的机动时间。实质是不影响任何一项紧后工作开始时间。自由时差等于时间间隔的最小值。

二、双代号时标网络计划基本概念

图 1.1.2 中：实箭线加节点表示实工作，虚箭线加节点表示虚工作，波形线表示自由时差（实质是相邻工作之间的时间间隔）。

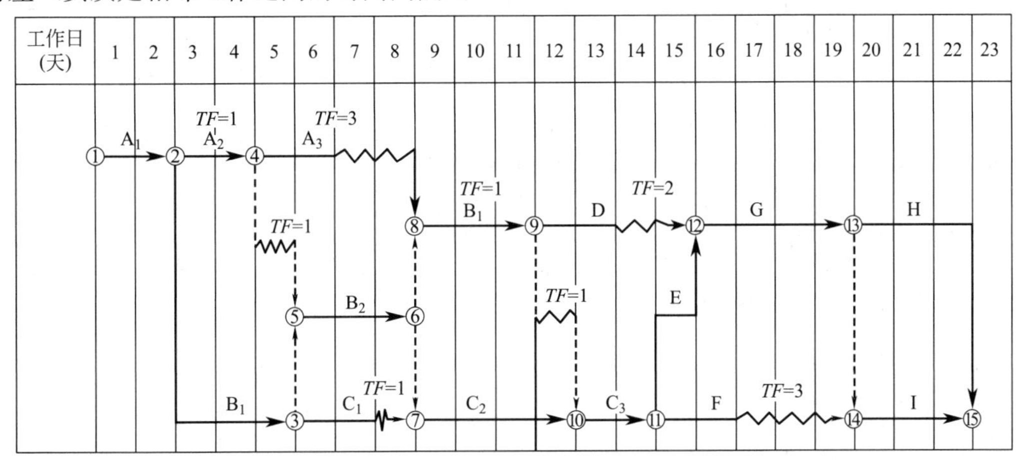

图 1.1.2

总结： **表 1.1.1**

双代号 网络计划	1. 某工作持续时间的计算 (1)持续时间＝工程量/(人工产量定额×班组人数×工作班制)； (2)给出基本参数，求出工期(持续时间)
	2. 虚工作的补充
	3. 关键线路的判断，关键工作、计划工期的确定 (1)关键线路：从起点节点到终点节点为止，持续时间最长的线路； (2)关键工作：处于关键线路上的工作； (3)计划工期(计算工期)：关键线路上的持续时间之和。 说明：计划工期应小于等于合同工期
	4. 时间参数的计算与应用 重点掌握总时差、自由时差、最早开始时间的应用 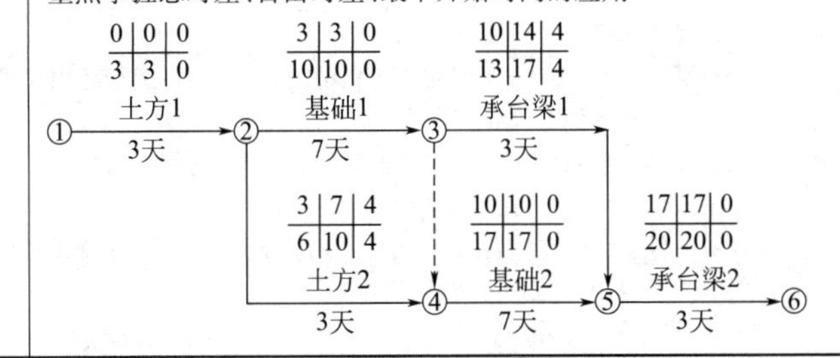

续表

双代号 网络计划	(1)总时差 1)概念:某工作在不影响总工期的前提下所具有的机动时间; 2)计算:某工作的总时差=min(合同工期或计划工期-该工作所在线路的持续时间之和)$=LS_{i-j}-ES_{i-j}=LF_{i-j}-EF_{i-j}$; 3)应用:工期索赔、是否影响计划工期。 说明:如某工作延误的工期超出了该工作的总时差,则超出部分会对计划工期有影响。 (2)自由时差 1)概念:某工作在不影响其紧后工作最早开始的前提下所具有的机动时间; 2)计算:$FF_{i-j}=TF_{i-j}-\min(TF_{j-k})$ 或 $TF_{i-j}=FF_{i-j}+\min(TF_{j-k})$; 3)应用:是否影响紧后工作按最早开始时间开始。 例如:土方 2 工作延误了 5 天,对计划工期、基础 2 工作的最早开始时间有何影响?如基础 2 是约定好某日要进场的专业或劳务分包,现场应如何通知解决
	(3)最早开始时间 例如:因某工作延误引起后续工作的人员窝工或机械闲置,可计算延误前后两个最早开始时间的差值,并对其的影响进行分析比较。 例如:承台梁 1 工作延误了 4 天,对计划工期、承台梁 2 工作的最早开始时间有何影响?如延误 6 天,对计划工期、承台梁 2 工作的最早开始时间有何影响
	5. 最优赶工方案的制定 赶工原则: (1)在关键线路上赶(在赶工的过程中,允许其他线路成为关键线路,一旦是关键线路必须始终保持); (2)有赶工潜力的; (3)赶工费用最小的; (4)质量有保证。 赶工思路: (1)目标工期; (2)目前工期; (3)需赶工工期; (4)赶工方案(赶工费最小,关键线路保持)
	6. 实际工期的计算(竣工时点) 考虑现场实际进度的变化,寻找最后的实际最长线路——关键线路
	7. 奖罚工期的判别(竣工时点) (1)实际工期与合同工期比较; (2)超出工期与业主可顺延工期比较; (3)判断奖罚:即超出工期小于可顺延工期为奖,反之为罚
时标 网络计划	8. 关键线路、时间参数、工期索赔
	9. 挣值法的应用(时标网络计划下结合前锋线的偏差分析) 三个费用值分别为: (1)已完成工作预算费用(*BCWP*)(挣得值); (2)计划完成工作预算费用(*BCWS*)(计划值); (3)已完成工作实际费用(*ACWP*)(实际值)。 四个评价指标分别为: (1)费用偏差=已完工作预算费用-已完工作实际费用 结论:费用偏差为正值时,表示项目运行节支;费用偏差为负值时,表示项目运行超出预算费用。 (2)进度偏差=已完工作预算费用-计划工作预算费用 结论:进度偏差为正值时,表示进度提前;费用偏差为负值时,表示项目进度滞后。 (3)费用绩效指数=已完工作预算费用/已完工作实际费用 费用绩效指数大于 1 时,表示项目运行节支;费用绩效指数小于 1 时,表示项目运行超出预算费用。 (4)进度绩效指数=已完工作预算费用/计划工作预算费用 进度绩效指数大于 1 时,表示项目进度提前;进度绩效指数小于 1 时,表示项目进度滞后

考点二：会计算（图上作业法、转化时标网络图法）

一、双代号网络计划工作时间参数的计算（图上作业法）

第一步：从左向右计算最早开始时间（ES_{i-j}）和最早完成时间（EF_{i-j}），用加法，多个紧前取大；

第二步：从右向左计算最迟完成时间（LF_{i-j}）和最迟开始时间（LS_{i-j}），用减法，多个紧后取小；

第三步：计算总时差（$TF_{i-j}=LS_{i-j}-ES_{i-j}=LF_{i-j}-EF_{i-j}$）；

第四步：计算自由时差［$FF_{i-j}=\min(ES_{j-k})-EF_{i-j}$］。

重要结论：关键工作有三对数字相等，进入关键节点的总时差和自由时差相等，总时差等于从本工作起点节点开始，顺着箭头方向到达终点节点，所经过的路径波形线之和最小值，此时总时差大于自由时差。

二、双代号时标网络计划会看 10 个参数

计划工期，关键线路，关键工作，关键节点，自由时差，总时差，最早开始时间，最早完成时间，最迟开始时间和最迟完成时间。（1 期，3 关，6 参）

三、实务考试网络计划的要求

1. 关键线路的找法（转化时标网络图法）：用工作名称加短（箭）线表示或用节点代号加短（箭）线表示；

2. 关键工作：用工作名称加“、”表示；

3. 计算工期：关键线路持续天数是计算工期；

4. 总时差的计算：关键工作的总时差＝0，非关键工作总时差（转化时标网络图法）；

5. 自由时差的计算：关键工作的自由时差＝0，非关键工作的自由时差看波形线（转化时标网络图法）。

考点三：考试题型

题型一　确定关键线路、关键工作、计算工期（转化时标网络图法）

背景资料：

建设单位通过招标与施工单位签署了某工业项目的施工合同，主要工作内容包含设备基础、钢架基础、设备钢架制作安装、工艺设备、工艺管道、电气和仪表设备安装等。开工前施工单位按照合同约定向建设单位提交了施工进度计划（图 1.1.3）。

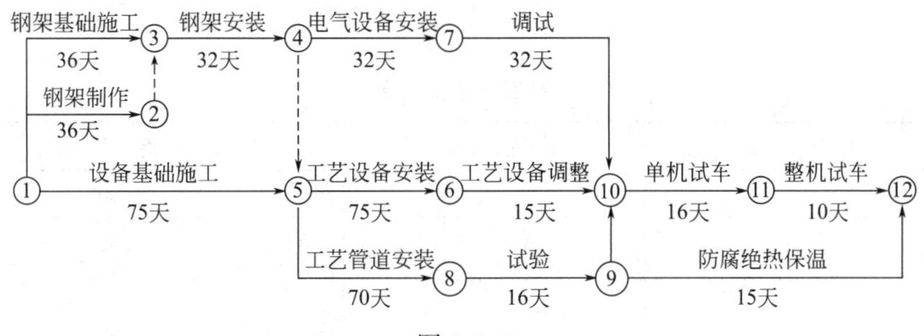

图 1.1.3

问题：

用节点代号表示施工进度计划的关键线路，计算该施工进度计划的总工期。

答案：

关键线路：①→⑤→⑥→⑩→⑪→⑫；

总工期：75＋75＋15＋16＋10＝191 天。

题型二　工期索赔计算

责任、工作、赔偿方法，见表 1.1.2。

表 1.1.2

责任	工作	赔偿方法
施工方原因	关键工作	不给工期顺延
	非关键工作	
业主方原因	关键工作	延误天数就是工期顺延天数
	非关键工作	要看总时差，超过总时差的天数就是工期顺延天数
不可抗力原因(业主责任)	关键工作	延误天数就是工期顺延天数
	非关键工作	要看总时差，超过总时差的天数就是工期顺延天数

背景资料：

某工程的施工合同工期为 16 周，项目监理机构批准的施工进度计划如图 1.1.4 所示（时间单位：周）。各工作均按匀速施工。施工单位的报价单（部分）见表 1.1.3。

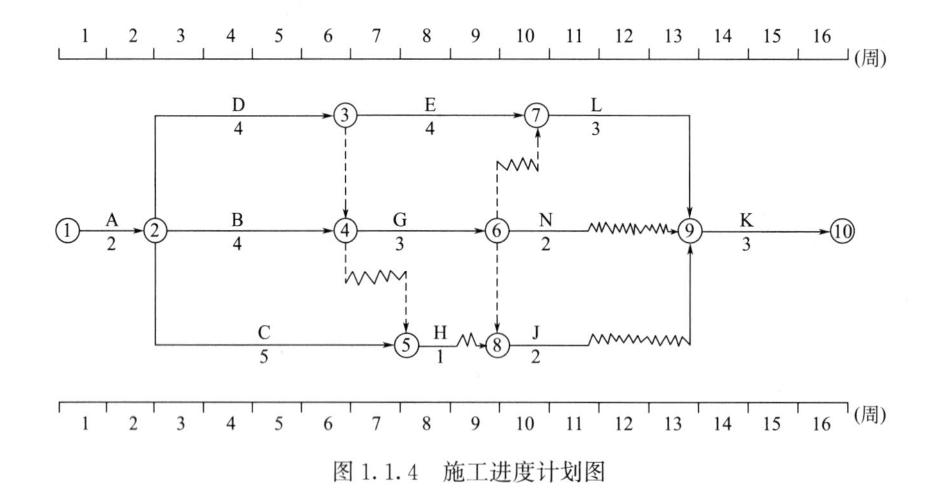

图 1.1.4　施工进度计划图

施工单位报价单　　**表 1.1.3**

序号	工作名称	估算工程量	全费用综合单价(元/m^3)
1	A	800m^3	300
2	B	1200m^3	320
3	C	20 次	—
4	D	1600m^3	280

工程施工到第 4 周末时进行进度检查，发生如下事件：

事件 1：A 工作已经完成，但由于设计图纸局部修改，实际完成的工程量为 840m^3，工作持续时间未变。

事件 2：B 工作施工时，遇到异常恶劣的气候，造成施工单位的施工机械损坏和施工人员窝工，损失 1 万元，实际只完成估算工程量的 25%。

事件 3：C 工作为检验检测配合工作，只完成了估算工程量的 20%，施工单位实际发生检验配合工作费用 5000 元。

事件 4：施工中发现地下文物，导致 D 工作尚未开始，造成施工单位自有设备闲置 4 个台班，台班单价为 300 元/台班、折旧费为 100 元/台班。施工单位进行文物现场保护的费用为 1200 元。

问题：

1. 根据第 4 周末的检查结果，绘制实际进度前锋线，逐项分析 B、C、D 三项工作的实际进度及其对紧后工作和工期的影响，并说明理由。

2. 若施工单位在第 4 周末就 B、C、D 工作出现的进度偏差提出工程延期的要求，项目监理机构应批准工程延期多长时间？为什么？

3. 施工单位是否可以就事件 2、4 提出费用索赔？为什么？可以获得的索赔费用是多少？

4. 事件 3 中 C 工作发生的费用如何结算？说明原因。

5. 前 4 周施工单位可以得到的结算款为多少元？

答案：

1. 实际进度前锋线如图 1.1.5 所示。

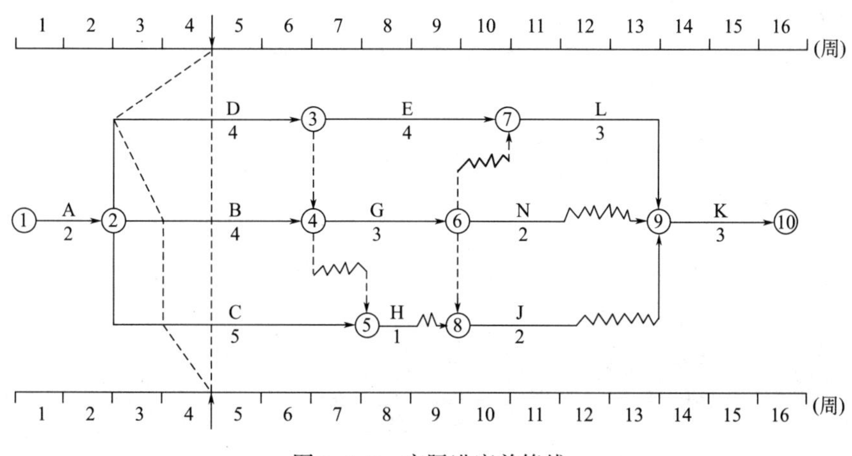

图 1.1.5　实际进度前锋线

B 工作：

（1）实际进度拖后 1 周。

（2）影响紧后工作 G 的最早开始时间 1 周，因 $FF_B=0$；

不影响紧后工作 H 的最早开始时间，因工作 B、H 之间的时间间隔为 1 周。

（3）不影响工期，因 $TF_B=1$ 周。

C 工作：

（1）实际进度拖后 1 周；

（2）影响紧后工作 H 的最早开始时间 1 周，因 $FF_C=0$；

（3）不影响工期，因 $TF_C=3$ 周。

D 工作：

（1）实际进度拖后 2 周。

（2）影响紧后工作 E、G 的最早开始时间 2 周，因 $FF_D=0$；

影响紧后工作 H 的最早开始时间 1 周，因工作 D 和工作 H 之间的时间间隔为 1 周，2－1＝1 周。

（3）影响工期 2 周，因 $TF_D=0$ 周（或 D 工作为关键工作）。

2.应批准工程延期 2 周，因工作 B、C 的拖后不影响工期；工作 D 拖后 2 周，影响工期 2 周，并且发现文物是业主应承担的责任事件。

3.（1）事件 2：不可以提出费用索赔，因异常恶劣的气候属于不可抗力，施工机械损坏和施工人员窝工是施工单位应承担的责任。

（2）事件 4：可以提出费用索赔，因发现文物导致费用增加是业主应承担的责任事件。

可获得索赔费用：4×100＋1200＝1600 元。

4.不予结算，因施工单位对工作 C 的费用没有报价，未报价的项目视为已经包含在其他项目的综合单价中。

5.前 4 周施工单位可以得到的结算款：840×300＋1600＋1200×25％×320＝349600 元。

题型三　资源一定的条件下，方案优选

背景资料：

某工程，合同工期为 23 个月，网络计划如图 1.1.6 所示。

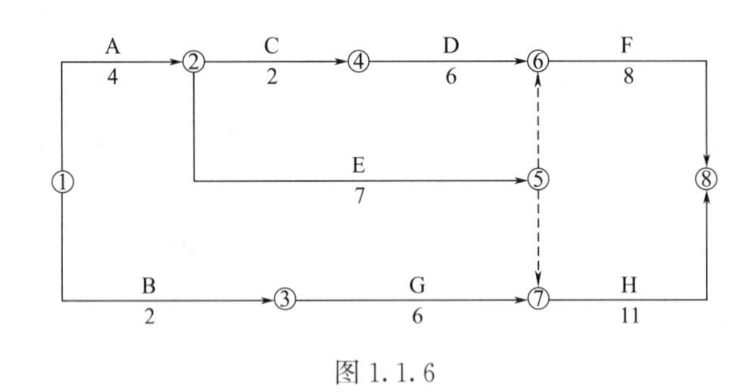

图 1.1.6

问题：

如果工作 C 和工作 G 共用一台施工机械，且只能按顺序施工，该网络计划如何调整较为合理？

答案：

先 C 后 G，关键线路：A→C→G→H，计算工期＝4＋2＋6＋11＝23 个月；

先 G 后 C，关键线路：B→G→C→D→F，计算工期＝2＋6＋2＋6＋8＝24 个月；

因此，应按先 C 后 G 的顺序调整较为合理，因为其工期较短。

题型四　实际进度前锋线检查工程进度

考点要求：

（1）会绘制实际进度前锋线；

（2）进行实际进度与计划进度的比较；

（3）预测进度偏差对总工期的影响（考总时差）；

（4）预测进度偏差对后续工作的影响（考自由时差）。

背景资料：

在施工组织设计中，施工进度计划以时标网络图（时间单位：月）形式表示。在第 8 个月末，施工单位对现场实际进度进行检查，并在时标网络图中绘制了实际进度前锋线，如图 1.1.7 所示。

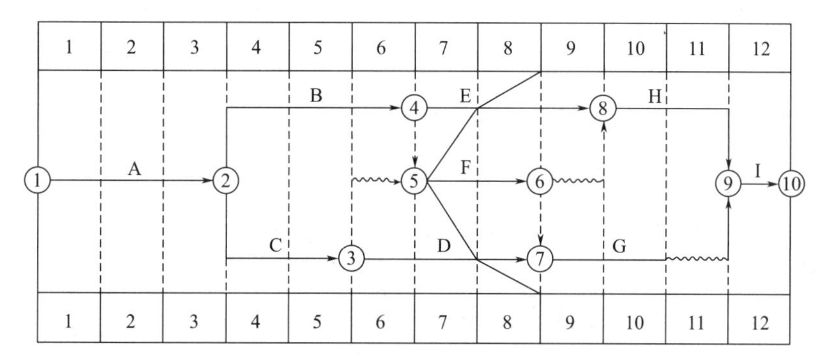

图 1.1.7

针对检查中所发现实际进度与计划进度不符的情况。施工单位均在规定时限内提出索赔意向通知，并在监理机构同意的时间内上报了相应的工期索赔资料。经监理工程师核实，工序 E 的进度偏差是因为建设单位供应材料原因所导致，工序 F 的进度偏差是因为当地政令性停工导致，工序 D 的进度偏差是因为工人返乡农忙。根据上述情况，监理工程师对三项工期索赔分别予以批复。

问题：

1. 写出网络图中前锋线所涉及各工序的实际进度偏差情况。如后续工作仍按原计划的速度进行，本工程的实际完工工期是多少个月？

2. 针对工序 E、工序 F、工序 D，分别判断施工单位上报的三项工期索赔是否成立，并说明相应的理由。

答案：

1. 工序 E 延后了 1 个月；工序 F 延后了 2 个月；工序 D 延后了 1 个月。如后续工作仍按原计划的速度进行，本工程的实际完工工期是 13 个月。

2.（1）工序 E 可以索赔 1 个月工期。

理由：建设单位供应材料原因导致延误工期；

理应索赔，而且工序 E 在关键线路上总时差为 0，所以索赔工期 1 个月。

（2）工序 F 可以索赔 1 个月工期。

理由：是当地政令性停工导致，属于建设施工双方都不想发生的事，为不可抗力，由建设单位承担责任；且工序 F 的总时差为 1 个月，工序 F 延误 2 个月，2－1＝1 个月，可以顺延 1 个月。

（3）工序 D 不能索赔工期。

理由：是工人返乡农忙导致施工延误，属于施工单位原因，没有安排好施工部署，所以不能索赔。

题型五　网络图绘制

背景资料：

某分部工程由 A、B、C、D、E、F、G、H 等八个分项工程组成，各分项工程之间的逻辑关系见表 1.1.4。

表 1.1.4

	A	B	C	D	E	F	G	H
紧前工作	—	A	A	B	B、C	C	D	D、E
持续时间（天）	2	3	2	3	2	4	2	5

问题：

根据逻辑关系绘制双代号网络计划，并确定关键线路及工期。

答案：

（1）根据逻辑关系绘制双代号网络图如图 1.1.8 所示。

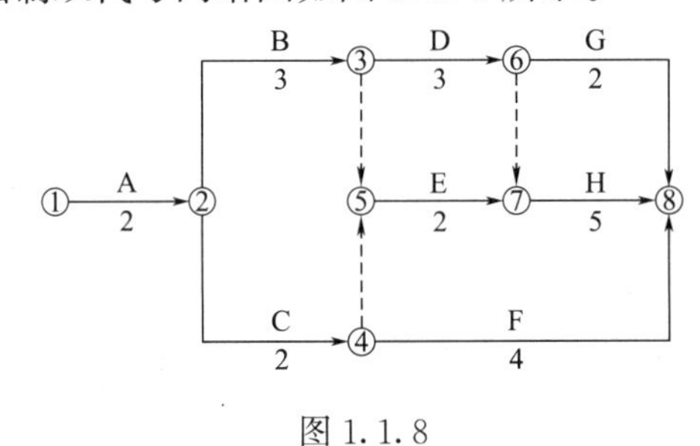

图 1.1.8

（2）所要确定的关键线路为：A→B→D→H；

所要确定的工期为：2＋3＋3＋5＝13 天。

题型六　工期奖罚计算

背景资料：

某建设工程，建设单位根据《建设工程施工合同（示范文本）》GF—2017—0201 与施工单位签订了施工承包合同。

合同约定：

（1）合同工期 33 个月。

（2）施工单位每提前 1 个月完成，奖励 15 万元，每延误 1 个月完成罚款 15 万元。

施工单位在开工前编制了施工计划进度如图 1.1.9 所示（单位：月），得到监理工程师批准。

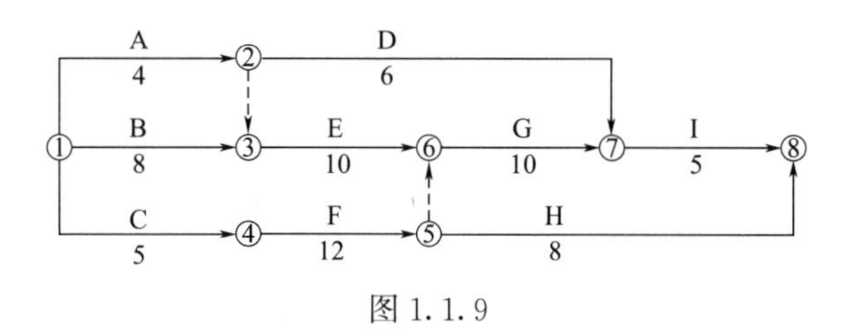

图 1.1.9

合同履行过程中，发生了如下事件：

由于不可抗力，造成 F 工作延长了 2 个月才完成施工作业。施工单位向建设单位提出了工期索赔要求。

问题：

1. 指出原网络计划关键线路、计划工期是否满足合同工期？

2. 针对事件，施工单位提出工期索赔是否成立？索赔工期是多少？

3. 实际工期是多少？相对原网络计划关键线路，实际关键线路是否改变了？

4. 施工单位受到的工期罚款是多少？

答案：

1. 原网络计划关键线路是①→③→⑥→⑦→⑧；计划工期＝33 个月＝合同工期，满足要求。

2. 针对事件，施工单位提出的工期索赔成立。

理由：不可抗力导致 F 工作延长了 2 个月，应由建设单位承担责任。但 F 工作为非关键工作，拖延 2 个月大于其总时差 1 个月，因此工期索赔成立，索赔工期 2－1＝1 个月。

3. 绘制实际进度双代号网络图后经计算可知：

实际工期＝34 个月；

实际关键线路是 ①→④→⑤→⑥→⑦→⑧；相对计划关键线路 ①→③→⑥→⑦→⑧ 已经改变。

4. 原合同工期＝33 个月；

索赔后合同工期＝索赔工期＋原合同工期＝1＋33＝34 个月；

实际工期＝34 个月；

因为实际工期＝索赔后合同工期＝34 个月；所以施工单位受到的工期罚款为 0，奖励为 0。

题型七　工期优化计算

背景资料：

某工程，网络计划如图 1.1.10 所示，工作内容及参数见表 1.1.5。

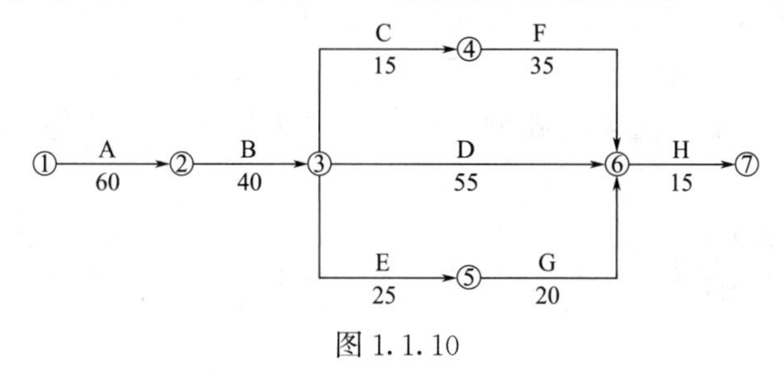

图 1.1.10

表 1.1.5

工作参数＼工作内容	基础工程 A	构件安装 B	屋面工程 C	装修工程 F	设备安装 D	专业工程 E	地面工程 G	试运转 H
工作最短持续时间(天)	50	35	12	25	45	20	10	10
压缩 1 天增加费用(元)	200	200	100	150	300	200	120	420

在施工过程中，第 75 天下班时刻进度检查时，基础工程刚刚完成。

问题：

如何调整原计划，既经济又能保证原计划工期？写出调整步骤和方案。

答案：

(1) 第 75 天下班时间进度检查时，基础工程刚刚完成，工期拖后 75－60＝15 天。

(2) 调整步骤：

1) 压缩②→③工作 5 天，工期缩短 5 天，增加费用最少：200×5＝1000 元；

2) 压缩③→⑥工作 5 天，工期缩短 5 天，增加费用最少：300×5＝1500 元；

3) 压缩③→⑥和③→④工作 3 天，工期缩短 3 天，增加费用最少：400×3＝1200 元；

4) 压缩⑥→⑦工作 2 天，工期缩短 2 天，增加费用最少：420×2＝840 元。

(3) 调整方案：压缩②→③工作 5 天，压缩③→⑥工作 8 天，③→④工作 3 天，压缩⑥→⑦工作 2 天，增加费用最少：1000＋1500＋1200＋840＝4540 元。

第二节　网络计划经典考题

案例一

【2019 建筑（二）部分内容】

背景资料：

某新建办公楼工程，地下 2 层，地上 20 层，框架-剪力墙结构，建筑高度 87m。建设单位通过公开招标选定了施工总承包单位并签订了工程施工合同，基坑深 7.6m，基础底板施工计划网络图如图 1.2.1 所示。

项目部在施工至第 33 天时，对施工进度进行了检查，实际施工进度如网络图中实际进度前锋线所示，对进度有延误的工作采取了改进措施。

问题：

1. 指出网络图中各施工工作的流水节拍，如采用成倍节拍流水施工，计算各施工工作专业队数量。

2. 进度计划监测检查方法还有哪些？写出第 33 天的实际进度检查结果。

答案：

1.（本小题 5.0 分）

(1) 各施工过程的流水节拍：

1) 垫层：3 天；　　(0.5 分)

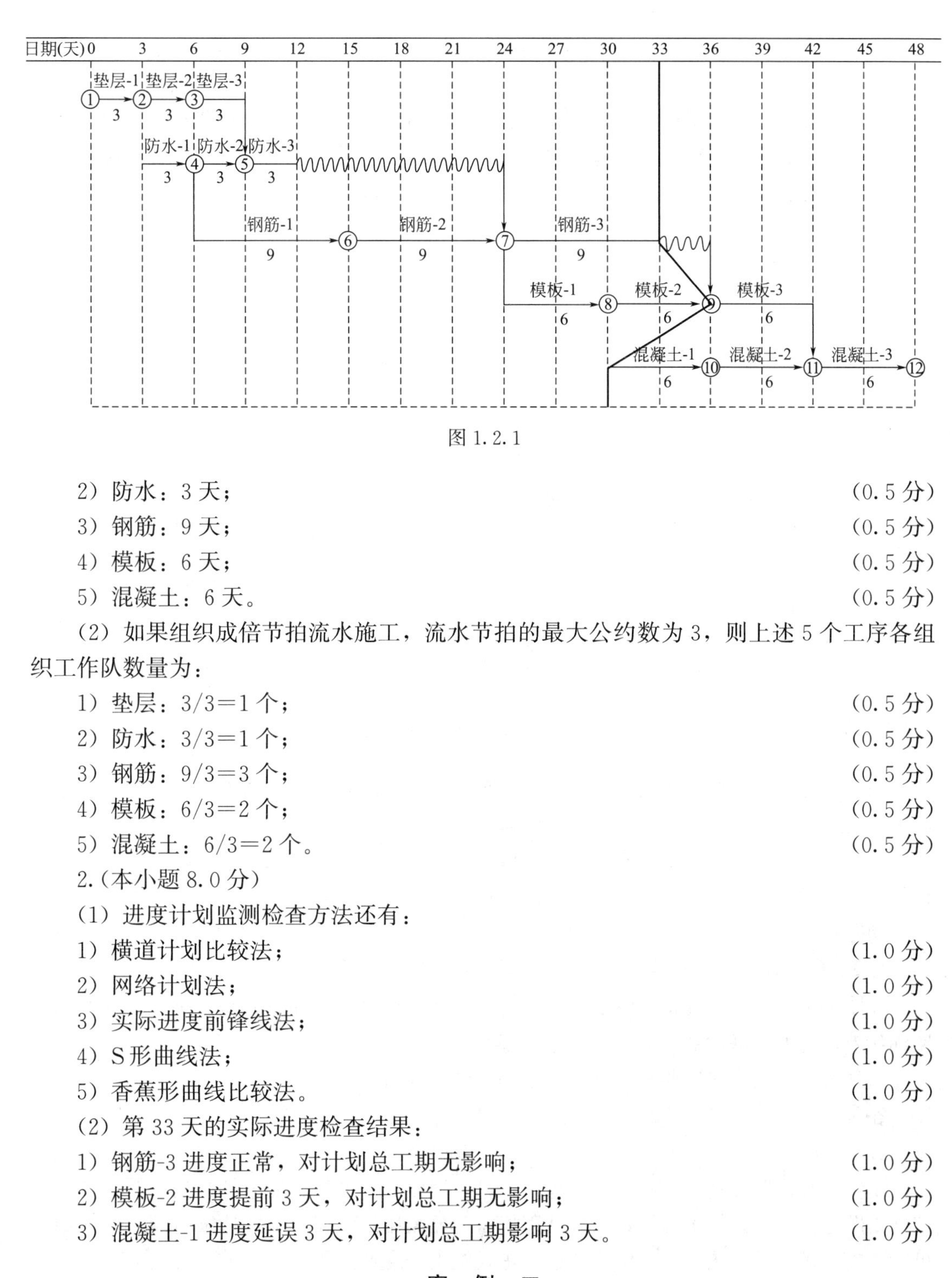

图 1.2.1

2）防水：3 天； （0.5 分）

3）钢筋：9 天； （0.5 分）

4）模板：6 天； （0.5 分）

5）混凝土：6 天。 （0.5 分）

（2）如果组织成倍节拍流水施工，流水节拍的最大公约数为 3，则上述 5 个工序各组织工作队数量为：

1）垫层：3/3=1 个； （0.5 分）

2）防水：3/3=1 个； （0.5 分）

3）钢筋：9/3=3 个； （0.5 分）

4）模板：6/3=2 个； （0.5 分）

5）混凝土：6/3=2 个。 （0.5 分）

2.（本小题 8.0 分）

（1）进度计划监测检查方法还有：

1）横道计划比较法； （1.0 分）

2）网络计划法； （1.0 分）

3）实际进度前锋线法； （1.0 分）

4）S 形曲线法； （1.0 分）

5）香蕉形曲线比较法。 （1.0 分）

（2）第 33 天的实际进度检查结果：

1）钢筋-3 进度正常，对计划总工期无影响； （1.0 分）

2）模板-2 进度提前 3 天，对计划总工期无影响； （1.0 分）

3）混凝土-1 进度延误 3 天，对计划总工期影响 3 天。 （1.0 分）

案 例 二

【2018 建筑（二）部分内容】

背景资料：

某高校图书馆工程，地下 2 层，地上 5 层，建筑面积约 35000m^2，现浇钢筋混凝土框架结构，部分屋面为正向抽空四角锥网架结构，施工单位与建设单位签订了施工总承包合同，合同工期为21个月。

在工程开工前，施工单位按照收集依据、划分施工过程（段）计算劳动量、优化并绘制正式进度计划图等步骤编制了施工进度计划，并通过了总监理工程师的审查与确认，项目部在开工后进行了进度检查，发现施工进度拖延，其部分检查结果如图1.2.2所示。

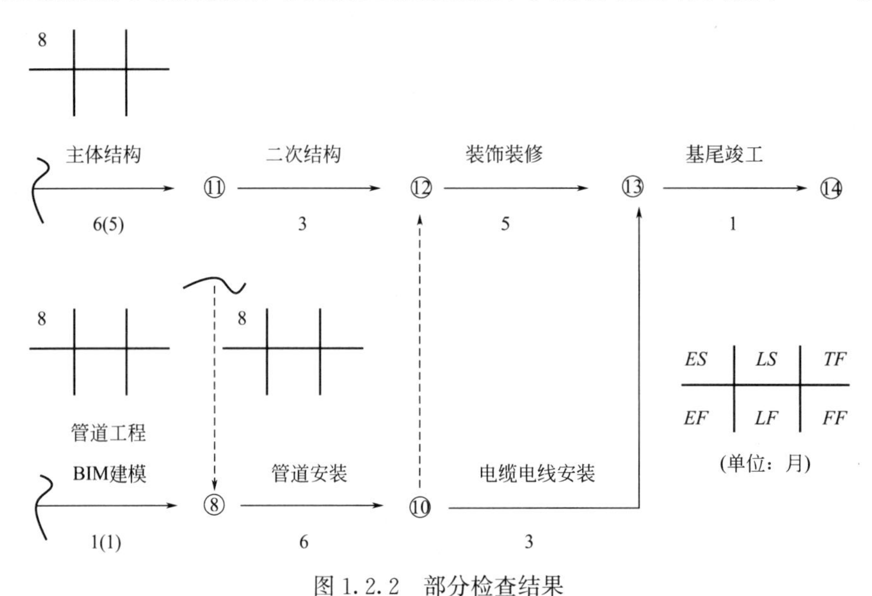

图1.2.2　部分检查结果

注：“（　）”内数字表示检查时工作尚需的作业月数。

项目部为优化工期，通过改进装饰装修施工工艺，使其作业时间缩短为4个月，据此调整的进度计划通过了总监理工程师的确认。

管道安装按照计划进度完成后，因甲供电缆电线未按计划进场，导致电缆电线安装工程最早开始时间推迟了1个月，施工单位按规定提出索赔工期1个月。

问题：

1. 单位工程进度计划编制步骤还应包括哪些内容？

2. 图1.2.2中，工程总工期是多少？管道安装的自由时差和总时差分别是多少？除工期优化外，进度网络计划的优化目标还有哪些？

3. 施工单位提出的工期索赔是否成立？并说明理由。

答案：

1.（每项1.0分，总分7.0分）

单位工程进度计划编制步骤还应包括：（1）划分施工过程、施工段和施工层；（2）确定施工顺序；（3）计算工程量；（4）计算机械台班需用量；（5）确定持续时间；（6）绘制可行的施工进度计划图；（7）优化并绘制正式施工进度计划图。

2.（本小题6.0分）

（1）总工期为22个月。　（2.0分）

（2）管道安装的自由时差为0，总时差为1个月。　（2.0分）

（3）除工期优化外，还有资源目标和费用目标。　（2.0分）

3.（本小题 3.0 分）

不成立。（1.0 分）

因为甲供电缆电线未按计划进场，是建设单位（或甲方）责任，但电缆电线安装工程有 2 个月的总时差。不影响总工期。（2.0 分）

案　例　三

【2009 建筑（五）】

背景资料：

某建筑工程施工进度计划网络图如图 1.2.3 所示。

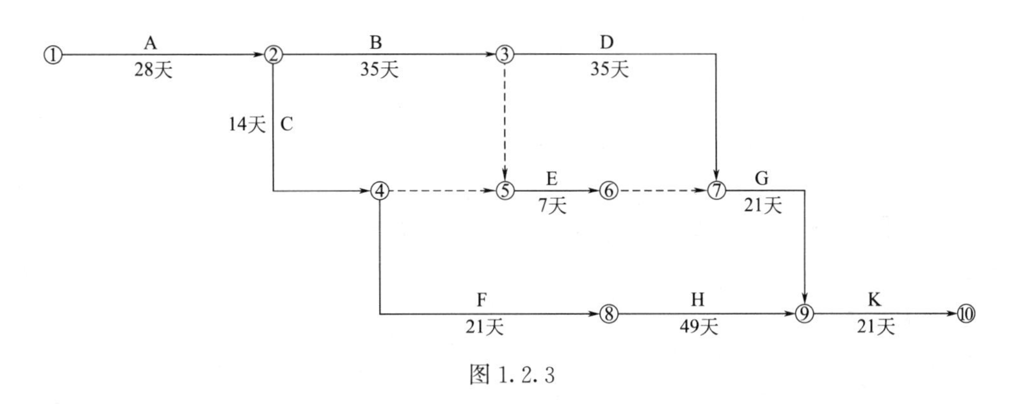

图 1.2.3

施工中发生了以下事件：

事件 1：A 工作因设计变更停工 10 天；

事件 2：B 工作因施工质量问题返工，延长工期 7 天；

事件 3：E 工作因建设单位供料延期，推迟 3 天施工。

在施工进展到第 120 天后，施工项目部对第 110 天前的部分工作进行了统计检查。统计数据见表 1.2.1。

表 1.2.1

工作代号	计划完成工作预算成本 *BCWS*（万元）	已完成工作量（%）	实际发生成本 *ACWP*（万元）	挣得值 *BCWP*（万元）
1	540	100	580	
2	820	70	600	
3	1620	80	840	
4	490	100	490	
5	240	0	0	
合计				

问题：

1. 本工程计划总工期和实际总工期各为多少天？

2. 施工总承包单位可否就事件 1 至事件 3 获得工期索赔？分别说明理由。

3. 列式计算截止到第 110 天的合计 *BCWS*、*ACWP*、*BCWP*。

4. 计算第 110 天的成本偏差 CV 值，并做 CV 值结论分析。

5. 计算第 110 天的进度偏差 SV 值，并做 SV 值结论分析。

答案：

1.（本小题 6.0 分）

（1）经计算得知：原计划关键线路为 A→B→D→G→K； （2.0 分）

所以计划总工期＝28＋35＋35＋21＋21＝140 天。 （1.0 分）

（2）经计算得知：实际关键线路仍为 A→B→D→G→K； （2.0 分）

所以计划总工期＝(28＋10)＋（35＋7)＋35＋21＋21＝157 天。 （1.0 分）

2.（本小题 7.0 分）

（1）事件 1 能够获得工期索赔； （0.5 分）

因为设计变更是业主应承担的责任事件，并且 A 工作是关键工作。 （2.0 分）

（2）事件 2 不能获得工期索赔； （0.5 分）

因为施工质量问题返工是施工单位应承担的责任事件。 （0.5 分）

（3）事件 3 不能获得工期索赔； （0.5 分）

因为尽管建设单位供料延期是业主应承担的责任事件，但 E 工作是非关键工作，其总时差为 28 天，推迟 3 天施工未超过其总时差，对工期没有影响。 （3.0 分）

3.（本小题 4.0 分）

（1）$BCWS$＝540＋820＋1620＋490＋240＝3710 万元； （1.0 分）

（2）$ACWP$＝580＋600＋840＋490＝2510 万元； （1.0 分）

（3）$BCWP$＝540×100％＋820×70％＋1620×80％＋490×100％＋240×0＝2900 万元。 （2.0 分）

4.（本小题 4.0 分）

CV＝$BCWP$－$ACWP$＝2900－2510＝390 万元； （2.0 分）

成本偏差为正，说明成本节约 390 万元。 （2.0 分）

5.（本小题 4.0 分）

SV＝$BCWP$－$BCWS$＝2900－3710＝－810 万元； （2.0 分）

进度偏差为负，说明进度延误 810 万元。 （2.0 分）

案 例 四

【2014 机电（三）部分内容】

背景资料：

某机电工程公司投标总承包了一工业项目，主要内容包括：设备基础施工、厂房钢结构制作和吊装、设备安装调试、工业管道安装及试运行等。项目开工前，该机电工程公司按合同规定向建设单位提交了施工进度计划，编制了各项工作逻辑关系及工作时间表（表 1.2.2)，该项目的厂房钢结构选用了低合金结构钢，在采购时，钢厂只提供了高强度、高韧性的综合力学性能。

工程施工中，由于工艺设备是首次安装，经反复多次调整后才达到质量要求。致使项目部工程费用超支，工期拖后。在 150 天时，项目部用赢得值法分析，取得以下 3 个数据：已完工程预算费用 3500，计划工程预算费用 4000 万元，已完成实际费用 4500 万元。

表 1.2.2

代号	工作内容	工作时间(d)	紧前工序	代号	工作内容	工作时间(d)	紧前工序
A	工艺设备基础施工	72	—	G	电气设备安装	64	D
B	厂房钢结构基础施工	38	—	H	工艺设备调整	55	E
C	钢结构制作	46	—	I	工业管道试验	24	F
D	钢结构吊装、焊接	30	B、C	J	电气设备调整	28	G
E	工艺设备安装	48	A、D	K	单机试运行	12	H、I、J
F	工艺管道安装	52	A、D	L	联动及负荷试运行	10	K

在设备和管道安装、试验和调试完成后，由相关单位组织了该项目的各项试运行工作。

问题：

根据表 1.2.2 找出该项目的关键工作，并计算出总工期。

答案：

(本小题 5.0 分)

根据表 1.2.2 做出网络图如图 1.2.4 所示（不要求画到答题卡上）。

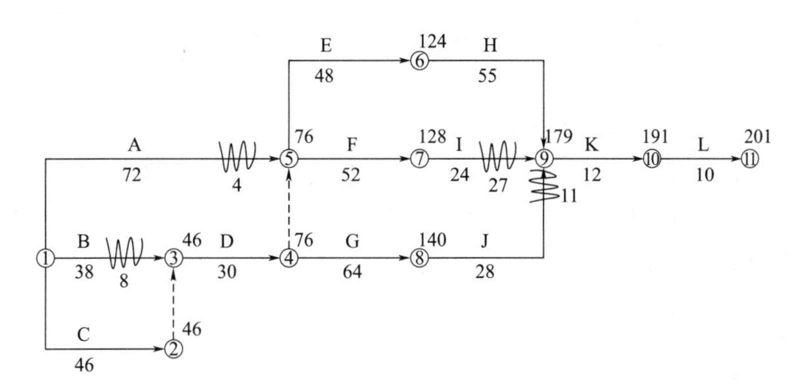

图 1.2.4

关键工作：钢结构制作（C）→钢结构吊装、焊接（D）→工艺设备安装（E）→工艺设备调整（H）→单机试运行（K）→联动及负荷试运行（L）。 (4.0 分)

总工期 46＋30＋48＋55＋12＋10＝201 天。 (1.0 分)

案　例　五

【2009 矿业（四）】

背景资料：

某施工单位承担了一项矿井工程的地面土建施工任务。工程开工前，项目经理部编制了项目管理实施规划并报监理单位审批，监理工程师审查后，建议施工单位通过调整个别工序作业时间的方法，将选矿厂的施工进度计划（图 1.2.5）工期控制在 210 天内。

施工单位通过工序和成本分析，得出 C、D、H 三个工序的作业时间可通过增加投入的方法予以压缩，其余工序作业时间基本无压缩空间或赶工成本太高。其中 C 工序作业时

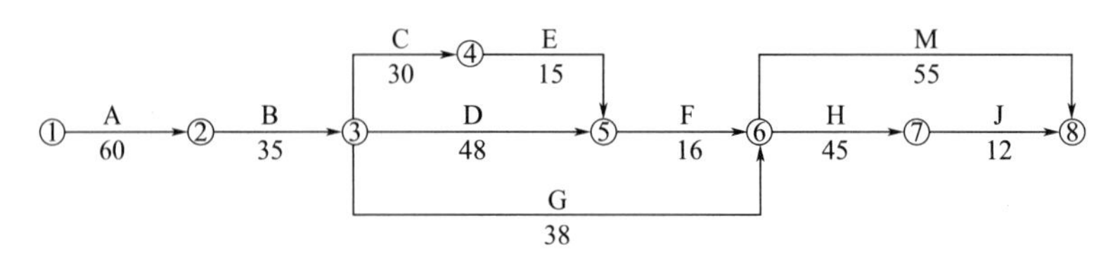

图 1.2.5

间最多可缩短 4 天，每缩短 1 天增加施工成本 6000 元；D 工序最多可缩短 6 天，每缩短 1 天增加施工成本 4000 元；H 工序最多可缩短 8 天，每缩短 1 天，增加施工成本 5000 元。经调整，选矿厂房的施工进度计划满足了监理单位的工期要求。

施工过程中，由于建设单位负责采购的设备不到位，使 G 工序比原计划推迟了 25 天才开始施工。

工程进行到第 160 天时，监理单位根据建设单位的要求下达了赶工指令，要求施工单位将后续工期缩短 5 天。施工单位改变了 M 工序的施工方案，使其作业时间压缩了 5 天，由此增加施工成本 80000 元。

工程按监理单位要求工期完工。

问题：

1. 指出选矿厂房的初始进度计划的关键工作，并计算工期。

2. 根据工期-成本优化原理，施工单位应如何调整进度计划使工期控制在 210 天内？调整工期所增加的最低成本为多少元？

3. 对于 G 工序的延误，施工单位可否提出多长时间的工期索赔？说明理由。

4. 监理单位下达赶工指令后，施工单位应如何调整后序三个工序的作业时间？

5. 针对监理单位的赶工指令，施工单位可提出多少费用索赔？

答案：

1.（本小题 5.0 分）

（1）关键工作：A、B、D、F、H、J。（3.0 分）

（2）计算工期：60＋35＋48＋16＋45＋12＝216 天。（2.0 分）

2.（本小题 13.0 分）

（1）调整目标：216－210＝6 天。（1.0 分）

（2）压缩 D 工作 3 天，工期缩短 3 天，增费最少 4000×3＝12000 元。（2.0 分）

（3）在压缩 D 工作 3 天的基础上，压缩 H 工作 2 天，工期缩短 2 天，增费最少：5000×2＝10000 元。（2.0 分）

（4）在压缩 D 工作 3 天、压缩 H 工作 2 天的基础上，同时压缩 D 工作和 C 工作各 1 天，工期缩短 1 天，增费最少 4000＋6000＝10000 元。（4.0 分）

调整方案：压缩 D 工作 4 天，压缩 C 工作 1 天，压缩 H 工作 2 天。（2.0 分）

调整工期所增加的最低成本：12000＋10000＋10000＝32000 元。（2.0 分）

3.（本小题 5.0 分）

（1）不能提出工期索赔的要求。（1.0 分）

（2）因为建设单位负责采购的设备不到位是建设单位应承担的责任，并且 TF_G＝26

天，推迟 25 天未超过其总时差，不影响工期。（4.0 分）

4.（本小题 5.0 分）

（1）M 工作压缩 5 天，增加费用 80000 元；（2.0 分）

（2）H 工作压缩 5 天，增加费用 5000×5＝25000 元；（2.0 分）

（3）J 工作无须压缩。（1.0 分）

5.（本小题 2.0 分）

费用索赔：80000＋25000＝105000 元。（2.0 分）

案　例　六

【2017 通信与广电（五）部分内容】

背景材料：

某公司承担了一项长途直埋光缆线路工程，全程 210km，线路经过城区、农田和草原，分两个中继段，其中 A 段 120km，B 段 90km。

直埋光缆施工工序先后关系如图 1.2.6 所示，项目部根据公司资源情况，结合工程特点，按每个施工队同时只能进行一项工作进行了工作分解，计算了各项工作的持续时间，确定了各项工作的工作逻辑关系，编制了逻辑关系及持续时间表（表 1.2.3），并据此绘制了进度计划网络图，给出了部分进度计划网络图（图 1.2.7）。

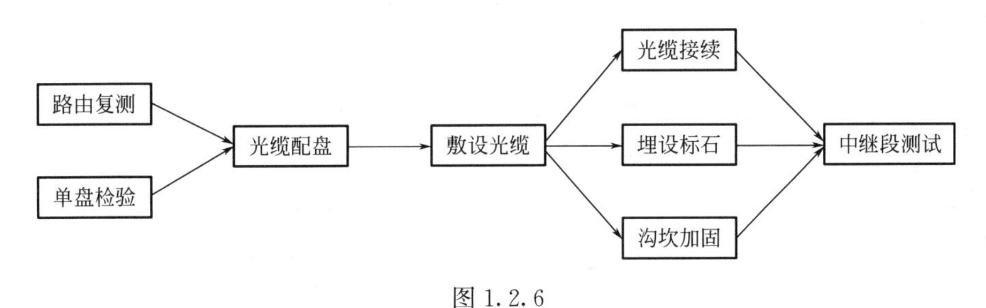

图 1.2.6

表 1.2.3

工作代号	工作名称	工作队	紧前工作	紧后工作	持续时间(天)
A	路由复测	测试接续队	—		4
B	单盘检验	测试接续队		C	2
C	A 段光缆配盘	测试接续队			1
D	B 段光缆配盘	测试接续队	C		1
E	A 段敷设光缆	光缆一队	C		12
F	B 段敷设光缆	光缆二队		H、J	9
G	A 段光缆接续	测试接续队			4
H	B 段光缆接续	测试接续队		G	3
I	埋设标石	光缆一队			5
J	沟坎加固	光缆二队			8
K	中继段测试	测试接续队	G、J、I	—	4

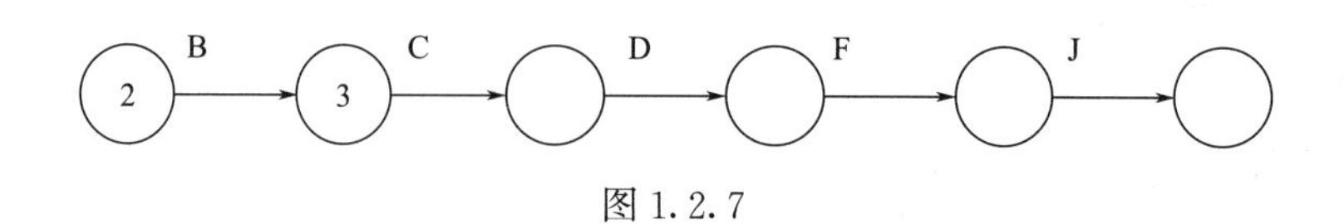

图 1.2.7

问题：

1. 补充表中各项工作的紧前紧后工作。
2. 绘制本项目完整的进度计划双代号网络图。
3. 列出本项目的关键工作，计算计划工期。

答案：

1.（本小题 7.0 分，每空 0.5 分）

各项工作的紧前紧后工作见表 1.2.4。

表 1.2.4

工作代号	紧前工作代号	紧后工作代号	持续时间(天)
A	—	B	4
B	A	C	2
C	B	D、E	1
D	C	F	1
E	C	I	12
F	D	H、J	9
G	H、E	K	4
H	F	G	3
I	E	K	5
J	F	K	8
K	G、I、J	—	4

2.（本小题 5.0 分）

本项目完整的进度计划双代号网络图如图 1.2.8 所示。

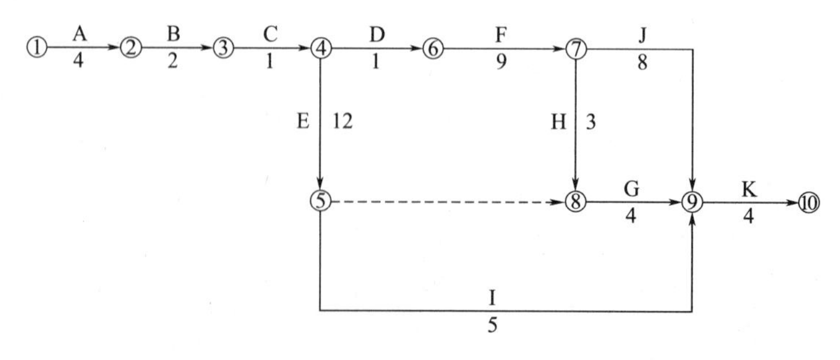

图 1.2.8

3.（本小题 5.0 分）

关键工作：A、B、C、D、F、J、K。（3.0 分）

计划工期：4+2+1+1+9+8+4=29 天。（2.0 分）

案 例 七

【2016 通信与广电（四）部分内容】

背景资料：

某施工单位承担了一项架空光缆线路工程，设有甲、乙、丙三个中继段。

项目部根据具体情况进行了工作分解，估算了各工作的持续时间，确定了各工作之间的逻辑关系，编制了工作逻辑关系及持续时间表（表 1.2.5），并据此绘制了进度计划网络图。图 1.2.9 给出了部分进度计划网络图。

表 1.2.5

工作代号	工作名称	紧前工作	紧后工作	持续时间(天)
A	单盘检验与配盘	—	B	2
B	架设甲段光缆	A	C、E	4
C	架设乙段光缆	B	D、F	5
D	架设丙段光缆	C	H、G	6
E	甲段接续	B	F	4
F	乙段接续	C、E	G	3
G	丙段持续	D、F	I	5
H	安装杆路标牌	D	J	5
I	中继段测试	G	J	4
J	验收	H、I	—	1

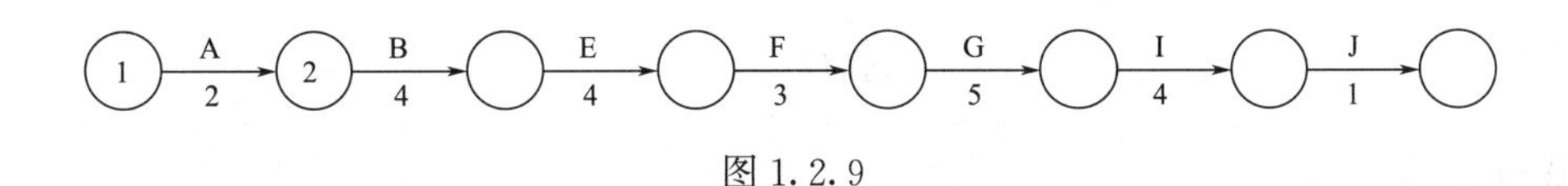

图 1.2.9

施工过程中，因设计不合理引起光缆路由变更，造成“架设乙段光缆”推迟 2 天完工。“乙段接续”工作进行中，因熔接机故障停工 4 天。由于工作量估计不准确，“架设丙段光缆”的持续时间比计划缩短了 1 天，“甲段接续”“安装杆路标牌”的持续时间分别增加 1 天。

问题：

1. 在答题卡指定区域绘制完整的进度计划网络图。

2. 按照下面格式填写进度计划中 D、E、F、H 的工作时间参数。

ES	*LS*	*TF*
EF	*LF*	*FF*

3. 列出进度计划中关键工作的工作代号，并计算计划工期。

4. 计算本工程的实际工期。

答案：

1.（本小题 5.0 分）

完整的进度计划网络图如图 1.2.10 所示。

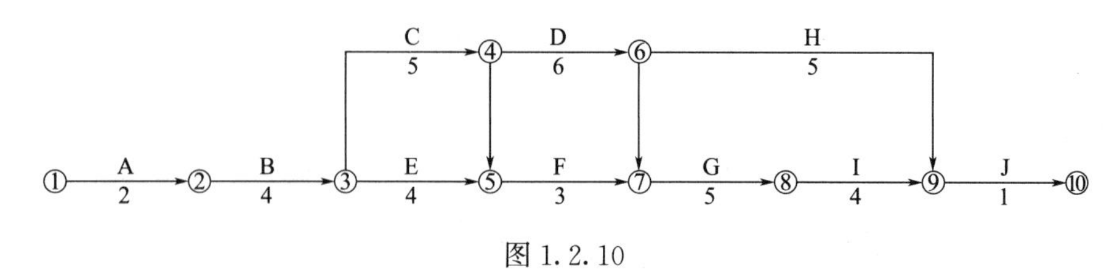

图 1.2.10

2.（本小题 12.0 分，每项 0.5 分）

进度计划中 D、E、F、H 的工作时间参数如图 1.2.11 所示。

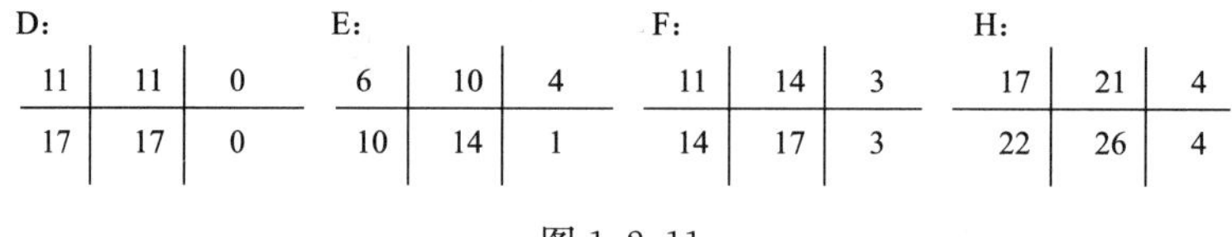

图 1.2.11

3.（本小题 4.0 分）

网络图中的关键工作代号为：A、B、C、D、G、I、J。（2.0 分）

计划工期计算：2 天(A)+4 天(B)+5 天(C)+6 天(D)+5 天(G)+4 天(I)+1 天(J)=27 天。（2.0 分）

4.（本小题 2.0 分）

实际工期：2 天(A)+4 天(B)+7 天(C)+7 天(F)+5 天(G)+4 天(I)+1 天(J)=30 天。（2.0 分）

案 例 八

（网络结算）

背景资料：

某施工合同约定：

（1）合同工期为 9 个月。

（2）合同总价为 840 万元，各项工作费用见表 1.2.6（部分工作费用）。

（3）预付款为 20%，当工程进度款达到合同价 50%的当月开始扣预付款，3 个月平均扣回。

（4）质量保证金为合同价的 5%，从第 1 个月开始，按每月进度款的 10%扣留。

表 1.2.6

工作	A	B	C	D	E	F
造价(万元)	30	54	30	84	300	21

经总监批准的网络计划如图 1.2.12 所示（时间单位：月）。

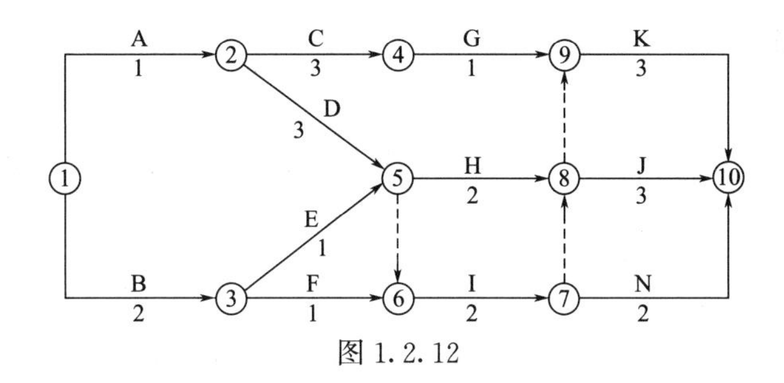

图 1.2.12

问题：

1.开工后，前 3 个月施工单位每月已完工程款分别为多少万元？

2.工程预付款为多少万元？预付款从何时开始扣回？

3.总监前 3 个月每个月签证的工程款分别为多少万元？

答案：

（准则：进度款项看网络，其他款项找背景）

1.（本小题 3.0 分）

（1）30＋54/2＝57 万元；（1.0 分）

（2）54/2＋30/3＋84/3＝65 万元；（1.0 分）

（3）30/3＋84/3＋300＋21＝359 万元。（1.0 分）

2.（本小题 4.0 分）

（1）840×20％＝168 万元；（2.0 分）

（2）2 月（57＋65）/840＝14.5％＜50％；

3 月（57＋65＋359）/840＝57％＞50％，3 月份开始扣预付款。（2.0 分）

3.（本小题 6.0 分）

质量保证金 840×5％＝42 万元。

（1）57×10％＝5.7 万元，再扣 42－5.7＝36.3 万元；

签证 57×90％＝51.3 万元。（1.0 分）

（2）65×10％＝6.5 万元，再扣 36.3－6.5＝29.8 万元；

签证 65×90％＝58.5 万元。（1.0 分）

（3）359×10％＝35.9＞29.8 万元，扣 29.8 万元；（2.0 分）

签证 359－29.8－168/3＝273.2 万元。（2.0 分）

案 例 九
（综合）

背景材料：

某洁净厂房工程，项目经理指示项目技术负责人编制施工进度计划，并评估项目总工程，项目技术负责人编制了相应的施工进度安排（图 1.2.13），报项目经理审核。项目经理提出：施工进度计划不等同于施工进度安排，还应包含相关施工计划必要组成内容，要求技术负责人补充。

因为本工程采用了某项专利技术，其中工作 B、工作 F、工作 K 必须使用某特种设备，且需按“B→F→K”先后顺次施工。该设备在当地仅有一台，租赁价格昂贵，租赁时长计算从进

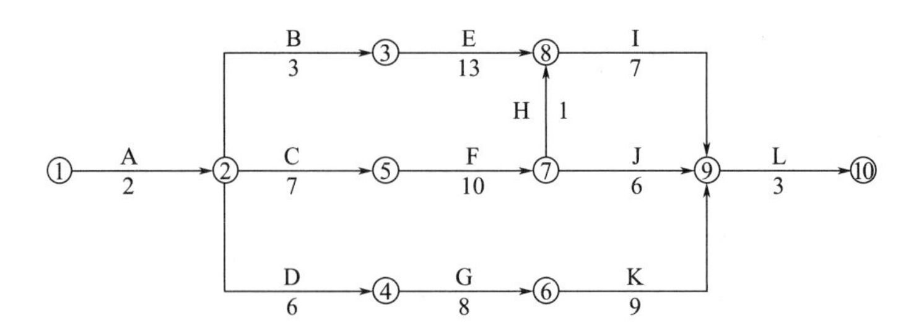

图 1.2.13 施工进度计划网络图（时间单位：周）

场开始直至设备退场为止，且场内停置等待的时间均按正常作业时间计取租赁费用。

项目技术负责人根据上述特殊情况，对网络图进行了调整，并重新计算项目总工期，报项目经理审批。

项目经理二次审查发现：各工作均按最早开始时间考虑，导致特种设备存在场内停置等待时间。项目经理指示调整各工作的起止时间，优化施工进度安排以节约设备租赁成本。

问题：

1.写出图 1.2.13 网络图的关键线路（用工作表示）和总工期。

2.项目技术负责人还应补充哪些施工进度计划的组成内容？

3.根据特种设备使用的特殊情况，重新绘制调整后的施工进度计划网络图，调整后的网络图总工期是多少？

4.根据重新绘制的网络图，如各工作均按最早开始时间考虑，特种设备计取租赁费用的时长为多少？优化工作的起止时间后，特种设备应在第几周初进场？优化后特种设备计取租赁费用的时长为多少？

答案：

1.（本小题 4.0 分）

关键线路为：A→C→F→H→I→L。（2.0 分）

总工期为：2+7+10+1+7+3=30 周。（2.0 分）

2.（本小题 4.0 分）

除已编制的相应施工进度安排，还应补充的内容有：编制说明（1.0 分）；进度安排（1.0 分）；资源需求计划（1.0 分）；进度保证措施（1.0 分）。

3.（本小题 7.0 分）

调整后的网络图如图 1.2.14 所示。

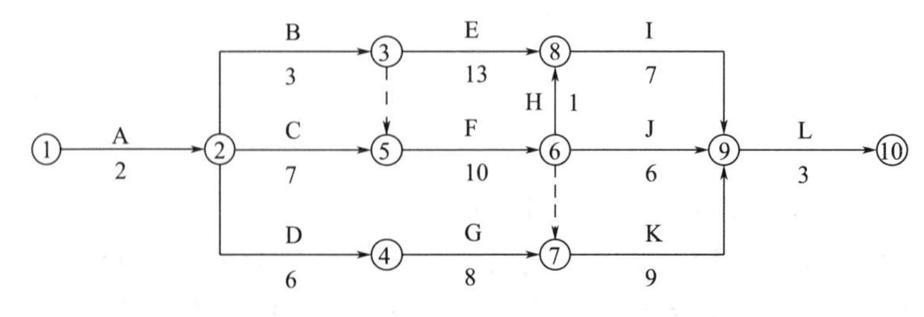

图 1.2.14

（3.0 分）

调整后的网络图关键线路为：A→C→F→K→L。（2.0 分）

此时总工期为：2＋7＋10＋9＋3＝31 周。（2.0 分）

4.（本小题 5.0 分）

按最早开始时间考虑，特种设备计取租赁费用的时长为：7＋10＋9＝26 周。（2.0 分）

优化工作的起止时间后，应在第 6 周初进场，优化后特种设备计取租赁费用时长为：4＋10＋9＝23 周。（3.0 分）

案 例 十

（综合）

背景资料：

某办公楼工程，框架结构，钻孔灌注桩基础，地下 1 层，地上 20 层，总建筑面积 25000 m^2，其中地下建筑面积 3000 m^2，施工单位中标后与建设单位签订了施工承包合同，合同约定："…至 2014 年 6 月 15 日竣工，工期目标 470 日历天；质量目标合格：主要材料由施工单位自行采购；因建设单位原因导致工期延误，工期顺延，每延误一天支付施工单位 10000 元/天的延误费…"，合同签订后，施工单位实施了项目进度策划，其中上部标准层结构工作安排见表 1.2.7。

表 1.2.7

工作内容	施工准备	模板支撑体系搭设	模板支设	钢筋加工	钢筋绑扎	管线预埋	混凝土浇筑
工作编号	A	B	C	D	E	F	G
时间(天)	1	2	2	2	2	1	1
紧后工序	B、D	C、F	E	E	G	G	—

施工至十层结构时，因商品混凝土供应迟缓，延误工期 10 日历天。施工至二十层结构时，建设单位要求将该层进行结构变更，又延误工期 15 日历天。施工单位向建设单位提交索赔报告，要求延长工期 25 日历天，补偿误工费 25 万元。

装饰装修阶段，施工单位采取编制进度控制流程、建立协调机制等措施，保证合同约定工期目标的实现。

问题：

根据上部标准层结构工作安排表绘制出双代号网络图。找出关键线路，并计算上部标准层结构每层工期是多少日历天。

答案：

（本小题 5.0 分）

双代号网络图如图 1.2.15 所示。

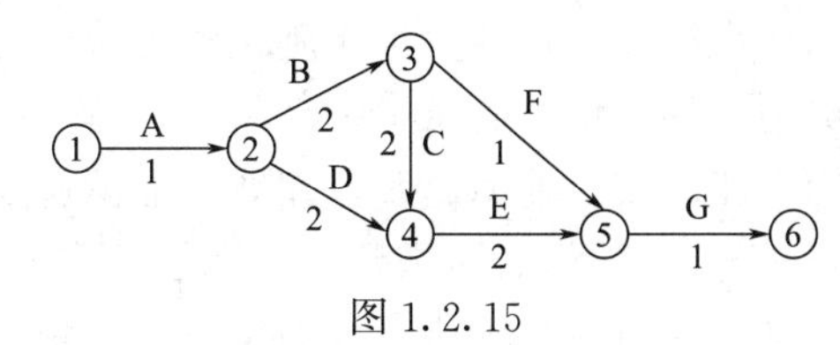

图 1.2.15

（3.0 分）

关键线路：A→B→C→E→G；（1.0 分）

计算工期：1＋2＋2＋2＋1＝8 天。（1.0 分）

第二章　流水施工

<table>
<tr><td rowspan="11">核心考点</td><td rowspan="2">基本概念</td><td>基本概念</td></tr>
<tr><td>参数概念</td></tr>
<tr><td rowspan="4">四类流水</td><td>无节奏流水</td></tr>
<tr><td>等节奏流水</td></tr>
<tr><td>非加快的异节奏流水</td></tr>
<tr><td>加快的异节奏流水</td></tr>
<tr><td rowspan="4">四个工期</td><td>等节奏流水工期</td></tr>
<tr><td>无节奏流水工期</td></tr>
<tr><td>非加快的异节奏流水工期</td></tr>
<tr><td>等步距异节奏流水工期</td></tr>
<tr><td>四张图形</td><td>绘制横道图</td></tr>
<tr><td colspan="3">经典考题</td></tr>
</table>

第一节　流水施工核心考点

流水施工看似简单，不就是画横道图嘛，实际上并不是这样。流水施工要按知识体系的方法去掌握，从概念源出发，到画出图形为止，依次历经四个环节（基本概念、四类流水组织形式、工期计算、绘制横道图）。

考点一：两组概念

一、基本概念

1. 施工的组织方式

某层钢筋混凝土楼板如何组织施工，这是流水施工的上位概念。

施工的组织方式可概况为三种：依次施工、平行施工、流水施工。

依次施工和平行施工均不能形成专业队施工，而非专业队施工存在两个致命缺陷：效率低和质量差。大家想：让模板工去绑钢筋是什么效果？而如果专业队只干本专业的工作，那么在依次施工和平行施工的组织方式中，模板工支完模板就只能等待着钢筋工程和混凝土工程完成后，再去支上一层的模板，这就造成大量的停工等待时间。

流水施工从根本上解决了这两个问题，流水施工的本质特征是专业队连续施工，也就是说任何一个专业队一经进入工作面，中间不间断，直到本专业工作的完成为止。

流水施工的前提条件是把工程或工程的某一个部位在平面上分成若干个组织施工的段落，在立面上分成若干个施工的层次，这就是人为地把工程或工程的某一个部位划分为施工段和施工层，因为只有“批量”才能组织流水。

2. 施工过程

在组织流水施工时，施工过程是个狭义的概念，特指工艺过程。施工过程的认定标准是先后次序不能颠倒，也就是说施工过程是特指先干什么、后干什么的工作过程。

施工过程的个数称之为施工过程数，用 n 表示。绘制流水施工横道图时，施工过程由上到下依次排列。

3. 专业队

专业队是指只干本专业工作的施工队，也就是只完成本专业施工过程的专业班组。那么，专业队和施工过程存在什么对应关系呢？简单来说，专业队是为了完成本专业施工过程而组建的，所以一个施工过程至少应组建一个专业队。

专业队组建的个数称之为专业队数，因专业队数与施工过程数存在某种定量关系，故用 n' 表示。

4. 施工段

施工段就是人为地把工程或工程的某一个部位划分为组织施工的段落。如果说施工过程是个先后次序不能颠倒的工艺过程概念，那么，施工段就是一个人为划分的空间概念。

施工段的个数简称施工段数，用 m 表示。施工段数与施工过程数存在某种制约关系，但建造师考试不考。

二、参数概念

流水参数三大类：工艺参数、空间参数、时间参数。工艺参数的主参数是施工过程，空间参数的主参数是施工段，上面均已交代。现在依次讲解流水施工的时间参数：三主两辅助。

1. 流水节拍 t：是指每一个专业队在每一个施工段上的作业时间，考生不能把它看成一个数，而是一堆数。

流水节拍是个节拍矩阵的概念，考题中一经出现流水节拍，考生立即形成节拍矩阵。

2. 流水步距 K：是指相邻的两个专业队进入工作面的最小的时间间隔，“最小”的含义是在满足连续施工的条件下相继开工的时间间隔最小，“相邻的两个专业队”是指紧前紧后两个专业队。

流水步距两定量，一是步距的个数与专业队数的关系，二是步距的大小取决于流水类型和流水节拍。流水步距是确定流水工期关键性的第一环节。

3. 流水工期 T：是指从第一个施工过程开始到最后一个施工过程完成的整个作业时间。流水工期的大小取决于四个要素，考生必须通过画图理解到位，而不能死记硬背。

4. 插入时间 C

提前插入时间：在按流水规则计算流水步距的前提下，某一专业队提前进入工作面的时间。提前插入时间的实质是流水步距的减小，但在计算流水工期时，只需按正常情况计算流水工期后，减去各个提前插入时间。

5. 间歇时间 J

间歇时间与插入时间正好相反，因技术、工艺、组织等要求的暂停时间，其实质是流水步距的增大，同时使流水工期延长。

考点二：四类流水

在两组概念的基础上，通过分类形成四大类流水施工的类型。

一、第一层次划分

根据流水节拍是否有规律可循，流水施工首先划分为有节奏流水和无节奏流水。无节奏流水不再细分，可定义为第二类流水，先行出世。

二、第二层次划分

根据流水节拍的特点，有节奏流水细分为等节奏流水和异节奏流水。

1. 等节奏流水施工是指在横向上同一个施工过程的流水节拍相等，在纵向上不同施工过程的流水节拍也相等，也就是说等节奏流水施工的流水节拍是一个常数，所以等节奏流水施工又称固定节拍流水施工。考生注意：考题中概念无常。等节奏流水不再细分，可定义为第一类流水。

2. 异节奏流水施工是指在横向上同一个施工过程的流水节拍相等，在纵向上不同施工过程的流水节拍不尽相同。因为各个流水节拍至少都是 1 的倍数，所以异节奏流水施工又称成倍节拍流水施工。

三、第三层次划分

异节奏流水施工再次细分为非加快的异节奏流水和加快的异节奏流水。

1. 非加快的异节奏流水施工是指一个施工过程由一个专业队完成，即 $n=n'$。非加快的异节奏流水施工因流水步距一般不相等，故又称异步距异节奏流水施工。非加快的异节奏流水施工定义为第三类流水施工。

2. 加快的异节奏流水施工是通过对流水节拍较大的施工过程增加专业队，达到缩短流水工期的目的。在加快的异节奏流水施工中，因流水步距均相等，故又称等步距异节奏流水施工。加快的异节奏流水施工定义为第四类流水施工。

考点三：四个工期

流水工期的计算取决于四大类流水各自的特点。

一、等节奏流水工期

1. t 的特点：一个常数矩阵；

2. K 的特点：等于流水节拍；

3. n'的特点：$n'=n$，即每一个施工过程组建一个专业队。

$$T=(n'-1)t+mt+\sum J-\sum C$$

二、无节奏流水工期

1. t 的特点：没有规律可循的矩阵；

2. K 的特点：大差法取得——累加节拍成数列、错位相减取大差；

3. n'的特点：$n'=n$，即每一个施工过程组建一个专业队。

$$T=\sum K+\sum t_n+\sum J-\sum C$$

三、非加快的异节奏流水工期

1. t 的特点：横等纵不等矩阵；

2. K 的特点：大差法取得；

3. n'的特点：$n'=n$，即每一个施工过程组建一个专业队。

$$T=\sum K+\sum t_n+\sum J-\sum C$$

四、等步距异节奏流水工期

1. t 的特点：横等纵不等矩阵；

2. K 的特点：流水步距相等，且等于流水节拍的最大公约数；

3. n'的特点：$n'>n$，每一个施工过程均按 t/k 组建专业队。

$$T=(n'-1)K+mK+\sum J-\sum C$$

考点四：四张图形

考生在学习过程中，要边画图边理解上述相关内容，四张流水横道图必须到位。横道图实质就是纵坐标向下的直角坐标系，横道图进度计划就是安排每一个施工过程的开始时间和完成时间，流水横道图进度计划就是安排每一个施工过程的每一个施工段什么时刻开始时间和什么时刻完成时间，最终确定流水工期。

第二节　流水施工经典考题

案　例　一

【2019 机电（一）部分内容】

背景资料：

安装公司项目部进场后，依据商业中心大型且复杂工程的施工总进度计划，编制了安全技术防范系统施工进度计划，其中视频监控系统施工进度计划见表 2.2.1。该进度计划在报公司审批时，被监理工程师否定，调整后通过审批。

表 2.2.1

序号	工序	3月			4月			5月			6月		
		1	11	21	1	11	21	1	11	21	1	11	21
1	线槽、线管施工	——	——	——									
2	线槽、线管穿线				——	——	——						
3	监控中心设备安装							——	——	——			
4	楼层监控设备安装							——	——	——			
5	系统检测										——		
6	系统试运行调试											——	
7	验收移交												——

问题：

这种表达方式的施工进度计划有哪些缺点？

答案：

（本小题 3.0 分）

横道图缺点：

（1）不能反映工作所具有的机动时间； （0.5 分）

（2）不能反映影响工期的关键工作和关键线路； （0.5 分）

（3）无法反映整个施工过程的关键所在； （0.5 分）

（4）因而不便于施工进度控制人员抓住主要矛盾，不利于施工进度的动态控制； （0.5 分）

（5）工程项目规模大、工艺关系复杂时，横道图施工进度计划就很难充分暴露施工中的矛盾。 （1.0 分）

案 例 二

【2017 市政（一）部分内容】

背景资料：

某施工单位承建城镇道路改扩建工程，全长 2km，工程项目主要包括：（1）原机动车道的旧水泥混凝土路面加铺沥青混凝土面层；（2）原机动车道两侧加宽、新建非机动车道和人行道；（3）新建人行天桥一座，人行天桥桩基共设计 12 根，为人工挖孔灌注桩，改扩建道路平面布置如图 2.2.1 所示，灌注桩的桩径、桩长见表 2.2.2。

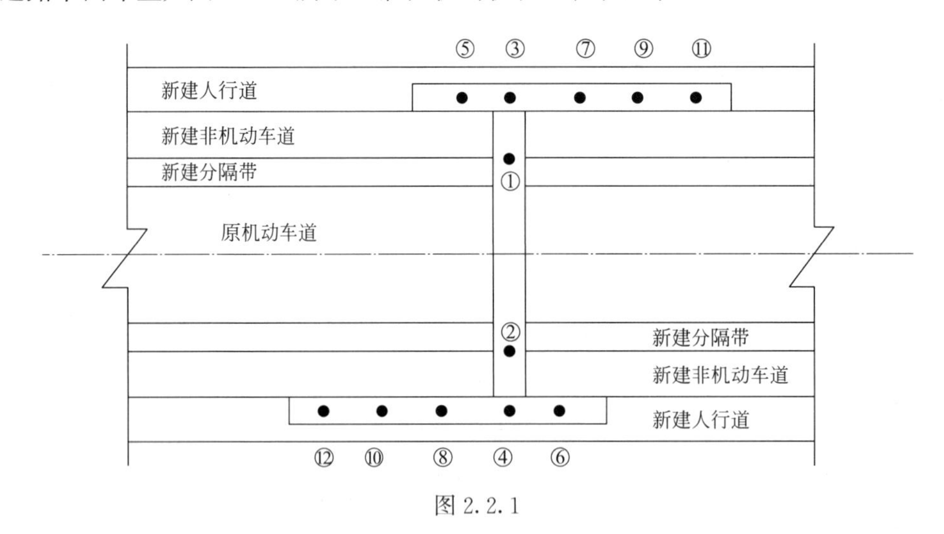

图 2.2.1

表 2.2.2

桩号	桩径(mm)	桩长(m)
①②③④	1200	21
其他	1000	18

施工过程中发生了如下事件：

事件 1：项目部按两个施工队同时进行人工挖孔桩施工，计划显示挖孔桩施工需 57 天完工，施工进度计划见表 2.2.3。为加快工程进度，项目经理决定将⑨、⑩、⑪、⑫号桩安排第三个施工队进场施工，三队同时作业。

表 2.2.3

施工队伍	施工内容	天数																		
		3	6	9	12	15	18	21	24	27	30	33	36	39	42	45	48	51	54	57
Ⅰ队	②④	—	—	—	—	—	—	—												
	⑥⑧								—	—	—	—	—	—						
	⑩⑫														—	—	—	—	—	—
Ⅱ队	①③	—	—	—	—	—	—	—												
	⑤⑦								—	—	—	—	—	—						
	⑨⑪														—	—	—	—	—	—

问题：

事件 1 中，画出按三个施工队同时作业的横道图，并计算人工挖孔桩施工需要的作业天数。（将表 2.2.3 格式重新绘制到答题卡上作答，在试卷上作答无效）

答案：

（本小题 5.0 分）

（1）绘制的横道图如图 2.2.2 所示。 （4.0 分）

施工队数	施工内容	天数																		
		3	6	9	12	15	18	21	24	27	30	33	36	39	42	45	48	51	54	57
Ⅰ队	②④	—	—	—	—	—	—	—												
	⑥⑧								—	—	—	—	—	—						
Ⅱ队	①③	—	—	—	—	—	—	—												
	⑤⑦								—	—	—	—	—	—						
Ⅲ队	⑩⑫	—	—	—	—	—	—													
	⑨⑪							—	—	—	—	—	—							

图 2.2.2

（2）人工挖孔桩施工天数为 39 天。 （1.0 分）

案 例 三

【2013 建筑（一）部分内容】

背景资料：

某工程基础底板施工，合同约定工期 50 天，项目经理部根据业主提供的电子版图纸编制了施工进度（表 2.2.4），底板施工暂未考虑流水施工。

在施工准备及施工过程中，发生了如下事件：

事件 1：公司在审批该施工进度计划横道图时提出，计划未考虑工序 B 与 C、工序 D 与 F 之间的技术间歇（养护）时间，要求项目经理部修改。两处工序技术间歇（养护）均为 2 天，项目经理部按要求调整了进度计划，经监理批准后实施。

表 2.2.4

序号	施工过程	6月						7月					
		5	10	15	20	25	30	5	10	15	20	25	30
A	基层清理	——											
B	垫层及砖胎膜		——										
C	防水层施工			——									
D	防水保护层				——								
E	钢筋制作	——	——	——	——								
F	钢筋绑扎					——	——	——	——				
G	混凝土浇筑									——			

事件 2：施工单位采购的防水材料进场抽样复试不合格，致使工序 C 比调整后的计划开始时间延后 3 天。因业主未按时提供正式图纸，致使工序 E 在 6 月 11 日才开始。

问题：

1. 在答题卡上绘制事件 1 中调整后的施工进度计划网络图（双代号），并用双线表示出关键线路。

2. 考虑事件 1、2 的影响，计算总工期（假定各工序持续时间不变），如果钢筋制作、钢筋绑扎及混凝土浇筑按两个流水段组织等节拍流水施工，其总工期将变为多少天？是否满足原合同约定的工期？

答案：

1.（本小题 4.0 分）

调整后的施工进度计划网络图如图 2.2.3 所示：

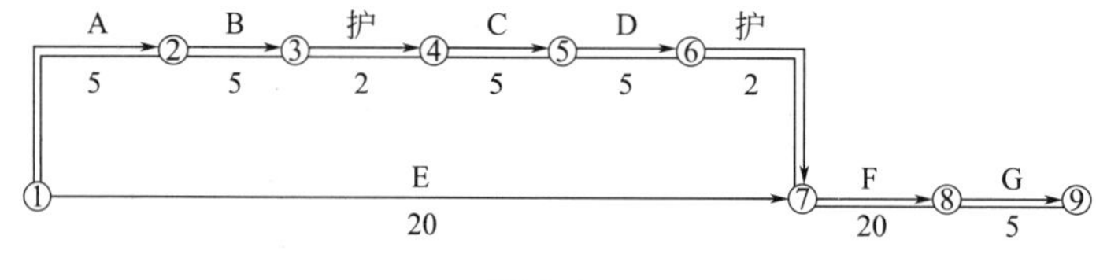

图 2.2.3

2.（本小题 6.0 分）

（1）总工期：事件 1、2 发生后，关键线路为 E→F→G，（20＋10）＋20＋5＝55 天。

（2.0 分）

（2）从 E、F、G 组织流水施工的角度，F 工作 20 天（即 21 天上班时刻）即可开始施工，但从网络计划的整体角度考虑，F 工作 28 天上班时刻才能开始施工。

F、G 两项工作组织等节拍流水施工的流水节拍为 F（10、10）和 G（2.5、2.5），其流水步距：

	10	20	
—)		2.5	5
	10	17.5	−5

取 K＝17.5 天。

F、G 两项工作组织等节拍流水施工的流水工期：17.5＋5＝22.5 天。

总工期：27＋22.5＝49.5 天。（3.0 分）

（3）满足原合同约定的工期。（1.0 分）

案 例 四

【2018 通信与广电（四）部分内容】

背景材料：

某地级市中心机房电源设备安装工程，工期 5 周（每周工作时间按 7 天计），项目部制订的进度计划见表 2.2.5。

表 2.2.5

工作名称	工作内容	参加人数（人）	材料费（元）	工作进度(周)				
				1	2	3	4	5
A	设备安装	10	3000	———	———			
B	蓄电池安装	4	400		———			
C	电源线布放	8	100000			———		
D	加电测试机充放电试验	4	200				———	———

本项目实际发生的材料费与表中所列材料费一致，由施工单位采购，并按照工作量平均分摊；施工单位人工成本为 500 元/（天・人）。

工程实施过程中，项目部每周实际参加人数及周末统计的已完成工作量比例见表 2.2.6。

表 2.2.6

工作名称	实际参加人数					已完成工作量比例				
	第 1 周	第 2 周	第 3 周	第 4 周	第 5 周	第 1 周	第 2 周	第 3 周	第 4 周	第 5 周
A	14	10				70%	100%			
B		4	2				90%	100%		
C			6	2				80%	100%	
D				4	4				40%	80%

问题：

1. 分别计算第 1 周末和第 5 周末的计划工作预算费用（$BCWS$）。

2. 分别计算第 1 周末和第 5 周末的已完工作预算费用（$BCWP$）。

3. 分别计算第 1 周末和第 5 周末的已完工作实际费用（$ACWP$）。

4. 分别计算第 1 周末和第 5 周末的费用偏差（CV）和进度偏差（SV），并说明费用和进度情况。

答案：

1.（本小题 4.0 分）

第 1 周末：$BCWS$＝10×500×1×7＋3000÷2＝35000＋1500＝36500 元 （2.0 分）

第 5 周末：$BCWS$＝10×500×2×7＋3000（A 工作）＋4×500×7＋400（B 工作）＋8×500×7＋100000（C 工作）＋4×500×2×7＋200（D 工作）＝73000＋14400＋128000＋28200＝243600 元 （2.0 分）

2.（本小题 4.0 分）

第 1 周末：$BCWP$＝（10×500×2×7＋3000）×70％＝51100 元 （2.0 分）

第 5 周末：$BCWP$＝10×500×2×7＋3000（A 工作）＋4×500×7＋400（B 工作）＋8×500×7＋100000（C 工作）＋（4×500×2×7＋200）×80％（D 工作）＝237960 元 （2.0 分）

3.（本小题 4.0 分）

第 1 周末：$ACWP$＝14×500×7＋3000×70％＝51100 元 （2.0 分）

第 5 周末：$ACWP$＝14×500×7＋10×500×7＋3000（A 工作）＋4×500×7＋2×500×7＋400（B 工作）＋6×500×7＋2×500×7＋100000（C 工作）＋4×500×7＋4×500×7＋200×80％（D 工作）＝264560 元 （2.0 分）

4.（本小题 6.0 分）

第 1 周末：CV＝$BCWP$－$ACWP$＝51100－51100＝0 （1.0 分）

SV＝$BCWP$－$BCWS$＝51100－36500＝14600 （1.0 分）

投入持平，进度快。 （1.0 分）

第 5 周末：CV＝$BCWP$－$ACWP$＝237960－264560＝－26600 元 （1.0 分）

SV＝$BCWP$－$BCWS$＝237960－243600＝－5640 元 （1.0 分）

投入超前，进度慢。 （1.0 分）

案 例 五

（无节奏流水）

背景资料：

某分项工程包含依次进行的甲、乙、丙三个施工过程，每个施工过程划分成四个施工段组织流水施工，三个施工过程的流水节拍见表 2.2.7。为了缩短工期，项目经理部的进度控制部门安排乙施工过程提前一天开工。按施工质量验收规范的规定，乙施工过程的每个施工段完成后至少要养护两天，才能进行丙施工过程的相应施工段施工。

表 2.2.7

施工过程 施工段	甲过程	乙过程	丙过程
施工段一	2	3	4
施工段二	4	2	2
施工段三	3	3	1
施工段四	2	3	3

问题：

1. 该分项工程应采用哪种流水施工的类型组织施工？说明原因。

2. 甲、乙、丙三个施工过程之间的流水步距分别为多少天？

3.试计算该分项工程的流水工期。

4.绘制该分项工程的流水施工横道图。

答案：

1.（本小题5.0分）

该分项工程应采用无节奏流水施工的类型组织施工。（2.0分）

因为该分项工程的同一个施工过程流水节拍不相等，不同施工过程的流水节拍也不相等，流水节拍没有规律可循。（3.0分）

2.（本小题7.0分）

两个流水步距：（1.0分）

（1）甲和乙

	2	6	9	11	
—）		3	5	8	11
	2	3	4	3	−11

$K_{甲、乙}=4$ 天（2.0分）

实际 $K_{甲、乙}=4-1=3$ 天（1.0分）

（2）乙和丙

	3	5	8	11	
—）		4	6	7	10
	3	1	2	4	−10

$K_{乙、丙}=4$ 天（2.0分）

实际 $K_{乙、丙}=4+2=6$ 天（1.0分）

3.（本小题3.0分）

$T=\sum K+\sum t_n+\sum J-\sum C=(4+4)+(4+2+1+3)+2-1=19$ 天（3.0分）

4.（本小题4.0分）

该分项工程的流水施工横道图如图2.2.4所示。（4.0分）

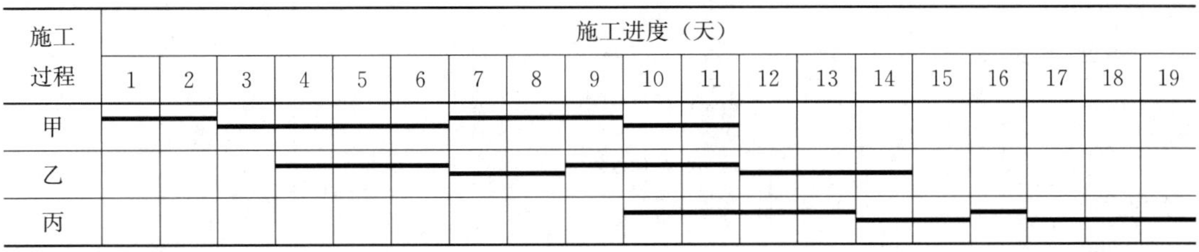

施工过程	施工进度（天）																		
	1	2	3	4	5	6	7	8	9	10	11	12	13	14	15	16	17	18	19
甲																			
乙																			
丙																			

图2.2.4

第三章　成本管理

<table>
<tr><td rowspan="6">核心考点</td><td rowspan="2">建筑安装工程费用组成</td><td>费用要素构成</td></tr>
<tr><td>造价形成划分</td></tr>
<tr><td rowspan="2">建筑安装工程费用计算方法</td><td>工程造价</td></tr>
<tr><td>单个费用</td></tr>
<tr><td rowspan="2">赢得值法</td><td>四个要素</td></tr>
<tr><td>四个指标</td></tr>
<tr><td colspan="3">经典考题</td></tr>
</table>

第一节　成本管理核心考点

依据《建筑安装工程费用项目组成》(建标〔2013〕44号)计算(定义、定项、定量):

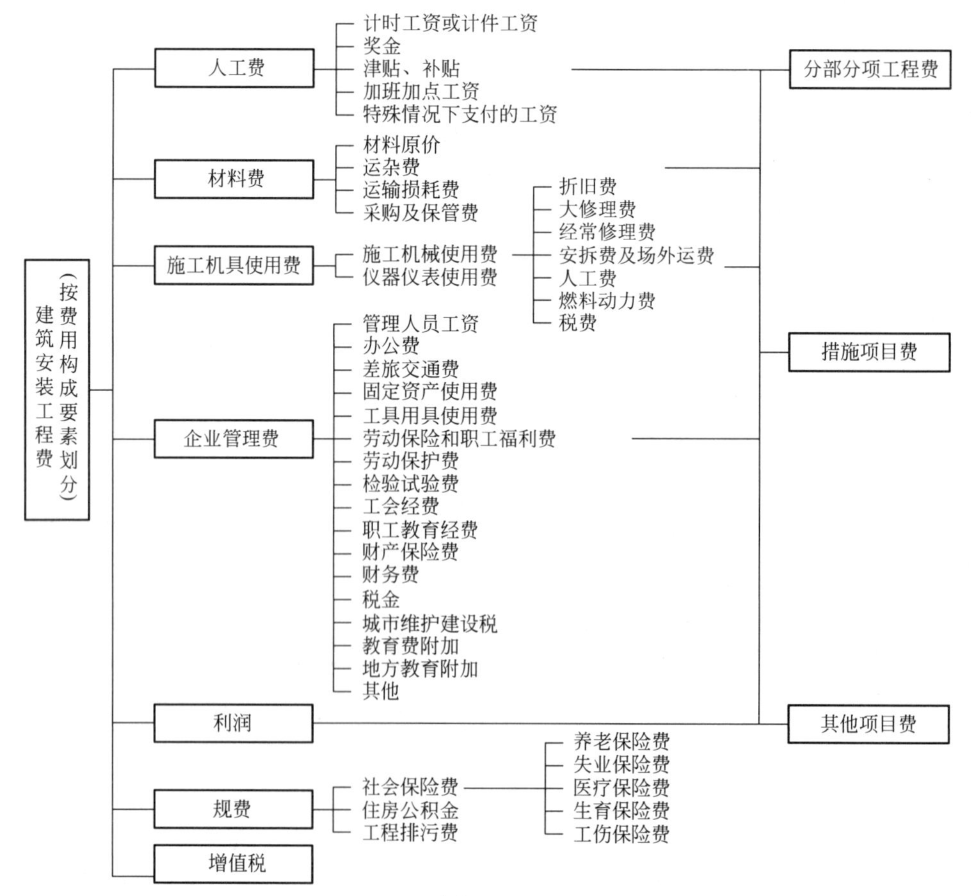

图 3.1.1

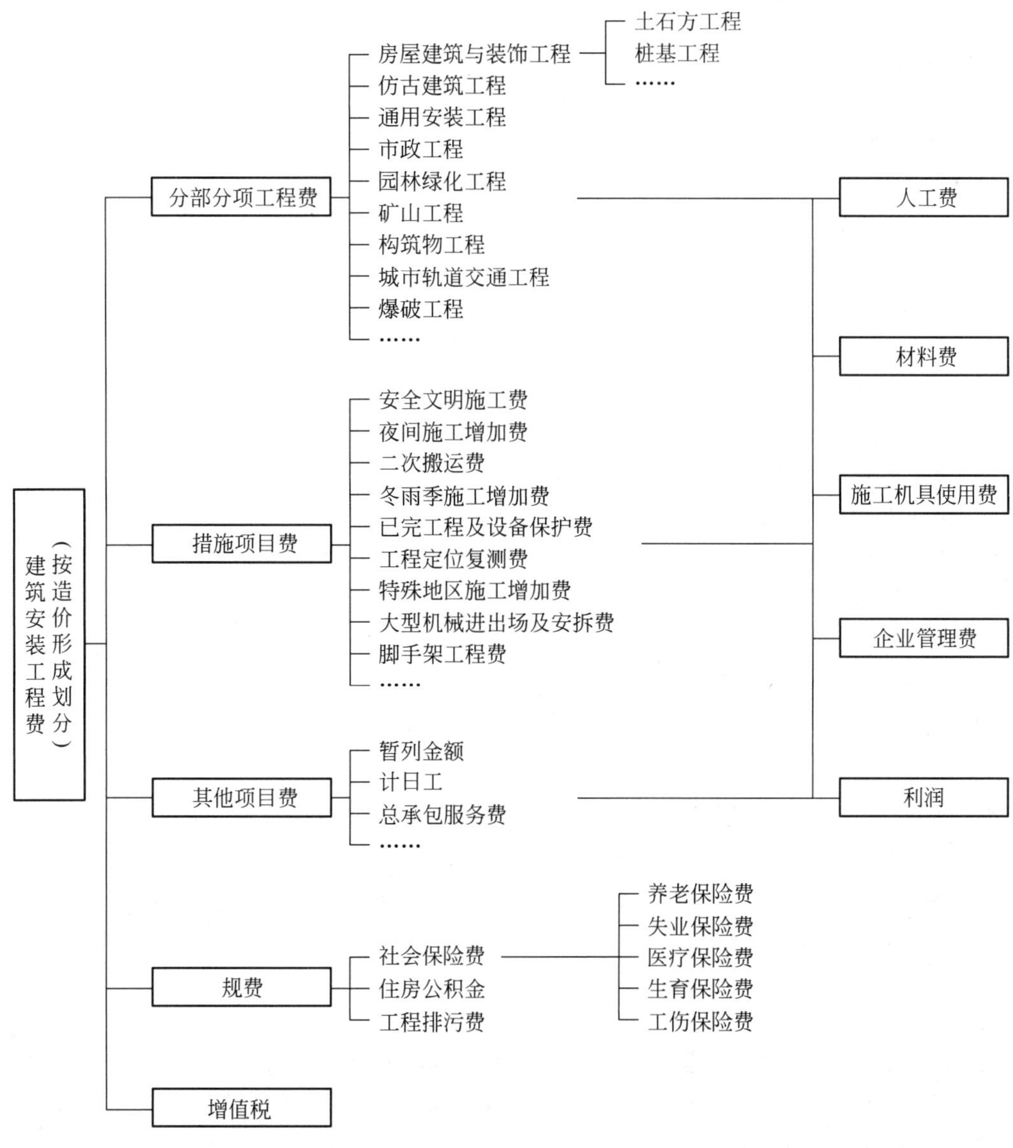

图 3.1.2

考点一：建筑安装工程费用组成

《建筑安装工程费用项目组成》（建标〔2013〕44 号）文件费用组成顺口溜：

人工费：计奖金加特殊津贴；

材料费：材运采保；

机具费：折大人经常安燃（入）税；

企管费：老（劳）固差税才（财）检管其职工班（办）；

规　费：（五险）医生养工失；

措施项目费：二夜冬雨，大脚特工已安全。

考点二：建筑安装工程费用计算方法（考试以背景为准计算）

一、人工费：

人工费＝∑(工日消耗量×日工资单价)

二、材料费

1.材料费：材料费＝∑(材料消耗量×材料单价)

2.工程设备费：工程设备费＝∑(工程设备量×工程设备单价)

三、施工机具使用费

1.施工机械使用费：

施工机械使用费＝∑(施工机械台班消耗量×机械台班单价)

2.仪器仪表使用费：仪器仪表使用费＝工程使用的仪器仪表摊销费＋维修费

四、企业管理费

1. 以人工费＋材料费＋机具费为计算基础

企业管理费＝(人工费＋材料费＋机具费)×企业管理费费率

2. 以人工费＋机具费为计算基础

企业管理费＝(人工费＋机具费)×企业管理费费率

3. 以人工费为计算基础

企业管理费＝人工费×企业管理费费率

五、利润

1. 以人工费＋材料费＋机具费＋企业管理费为计算基础

利润＝(人工费＋材料费＋机具费＋企业管理费)×利润率

2. 以人工费＋机具费为计算基础

利润＝(人工费＋机具费)×利润率

3. 以人工费为计算基础

利润＝人工费×利润率

六、规费

1. 以人工费＋材料费＋机具费＋企业管理费＋利润为计算基础

规费＝(人工费＋材料费＋机具费＋企业管理费＋利润)×规费费率

2. 以人工费为计算基础

规费＝人工费×规费费率

七、增值税

建筑安装工程费用的税金是指国家税法规定应计入建筑安装工程造价的增值税销项税额。

税金（增值税销项税额）的计算方法。根据《关于做好建筑业营改增建设工程计价依据调整准备工作的通知》（建办标〔2016〕4 号）文件规定，税金计算公式为：

税金＝税前工程造价×税率（或征收率）

工程造价＝税前工程造价×(1＋10％)

其中，10％是建筑业使用增值税税率。

考点三：赢得值法（见表 3.1.1）

赢得值法（四个要素、三个参数、四个指标） **表 3.1.1**

<table>
<tr><td colspan="2">四个要素</td></tr>
<tr><td colspan="2">计划完成工程量(计量)、预算单价(计价)、已完成工程量(实量)、实际单价(实价)</td></tr>
<tr><td colspan="2">三个参数</td></tr>
<tr><td colspan="2">[业主给的钱(100 万元)]已完成工作预算费用(BCWP)(挣值)=已完成工作量×预算单价=实量×虚价</td></tr>
<tr><td colspan="2">[计划花的钱(150 万元)]计划完成工作预算费用(BCWS)(计划值)=计划完成工作量×预算单价=虚量×虚价</td></tr>
<tr><td colspan="2">[实际花的钱(80 万元)]已完成工作实际费用(ACWP)(实际值)=已完成工作量×实际单价=实量×实价</td></tr>
<tr><td colspan="2">四个指标</td></tr>
<tr><td>指标名称及计算公式</td><td>判断标准</td></tr>
<tr><td>费用偏差(CV)=已完工作预算费用(BCWP)－已完工作实际费用(ACWP)
=已完工作量×(预算单价－实际单价)=实量×(虚价－实价)
=挣值－实际值</td><td>>0 节支(不差钱)
<0 超支(差钱)</td></tr>
<tr><td>进度偏差(SV)=已完工作预算费用(BCWP)－ 计划工作预算费用(BCWS)
=预算单价×(已完工作量－计划工作量)=虚价×(实量－虚量)
=挣值－计划值</td><td>>0 提前(不差事)
<0 拖后(差事)</td></tr>
<tr><td>费用绩效指数(CPI)=已完工作预算费用(BCWP)/已完工作实际费用(ACWP)
=预算单价/实际单价=虚价/实价
=挣值/实际值</td><td>>1 节支(不差钱)
<1 超支(差钱)</td></tr>
<tr><td>进度绩效指数(SPI)=已完工作预算费用(BCWP)/计划工作预算费用(BCWS)
=已完工作量/计划工作量=实量/虚量
=挣值/计划值</td><td>>1 提前(不差事)
<1 拖后(差事)</td></tr>
<tr><td colspan="2">费用偏差和进度偏差是绝对偏差,仅适合于对同一项目作偏差分析;
费用绩效指数和费用绩效指数是相对偏差,在同一项目和不同项目比较中均可采用</td></tr>
</table>

第二节　成本管理经典考题

案　例　一

【2019 建筑（四）部分内容】

背景资料：

某施工单位通过竞标承建一工程项目，甲乙双方通过协商，对工程合同协议书（编号 HT－XY－201909001），以及专用合同条款（编号 HT－ZY－201909001）和通用合同条款（编号 HT－TY－201909001）修改意见达成一致，签订了施工合同。确认包括投标函、中标通知书等合同文件按照《建设工程施工合同（示范文本）》GF—2017—0201 规定的优先顺序进行解释。

施工合同中包含以下工程价款主要内容：

（1）工程中标价为 5800 万元，暂列金额为 580 万元，主要材料所占比重为 60%；

(2) 工程预付款为工程造价的 20%；

(3) 工程进度款逐月计算；

(4) 工程质量保证金 3%，在每月工程进度款中扣除，质保期满后返还。

工程 1～5 月份完成产值见表 3.2.1。

表 3.2.1

月份	1	2	3	4	5
完成产值(万元)	180	500	750	1000	1400

项目部材料管理制度要求对物资采购合同的标的、价格、结算、特殊要求等条款加强重点管理。其中，对合同标的的管理要包括物资的名称、花色、技术标准、质量要求等内容。

项目部按照劳动力均衡实用、分析劳动需用总工日、确定人员数量和比例等劳动力计划编制要求，编制了劳动力需求计划。重点解决了因劳动力使用不均衡，给劳动力调配带来的困难，和避免出现过多、过大的需求高峰等诸多问题。

建设单位对一关键线路上的工序内容提出修改，由设计单位发出设计变更通知，为此造成工程停工 10 天。施工单位对此提出的索赔事项如下：

(1) 按当地造价部门发布的工资标准计算停窝工人工费 8.5 万元；

(2) 塔吊等机械停窝工台班费 5.1 万元；

(3) 索赔工期 10 天。

问题：

1.指出合同签订中的不妥之处并写出正确做法，写出背景资料中 5 个合同文件解释的优先顺序。

2.计算工程的预付款、起扣点是多少？分别计算 3、4、5 月份应付进度款、累计支付进度款是多少？(计算到小数点后两位，单位：万元)

3.物资采购合同重点管理的条款还有哪些？物资采购合同标的包括的主要内容还有哪些？

4.施工劳动力计划编制要求还有哪些？劳动力使用不均衡时，还会出现哪些方面的问题？

5.办理设计变更的步骤有哪些？施工单位的索赔事项是否成立？并说明理由。

答案：

1.(本小题 8.0 分)

(1) 不妥之处：甲乙双方通过协商修改了合同协议书、专用条款、通用条款，签订了施工合同。 (1.0 分)

正确做法：保持待签合同与招标文件、投标文件的一致性。相关法规规定了合同、招标文件、投标文件的一致性，符合法律法规的相关规定，否则合同无效且将被责令改正。这种一致性要求包含了合同内容、承包范围、工期、造价、计价方式、质量要求等实质性内容。 (2.0 分)

(2) 5 个合同文件解释的顺序为（递减）：

1) 合同协议书； (1.0 分)

2) 中标通知书； (1.0 分)

3）投标函；（1.0分）

4）专用合同条款；（1.0分）

5）通用合同条款。（1.0分）

2.（本小题8.0分）

（1）预付款为：（5800－580）×20％＝1044.00万元。（1.0分）

起扣点为：（5800－580）－1044/60％＝3480.00万元。（1.0分）

（2）3月份应当支付的工程款：750×97％＝727.50万元。（1.0分）

4月份应当支付的工程款：1000×97％＝970.00万元。（1.0分）

5月份累计完成工程的工程款为：180＋500＋750＋1000＋1400＝3830.00万元＞起扣点3480.00万元。

因此5月份不仅仅扣除质量保证金，还应当扣回预付款。

则5月份应当支付的工程款为：1400－1400×3％－（3830－3480）×60％＝1400－42－210＝1148.00万元。（1.0分）

3月份累计支付进度款：（180＋500＋750）×97％＝1387.10万元；（1.0分）

4月份累计支付进度款：1387.10＋970.00＝2357.10万元；（1.0分）

5月份累计支付进度款：2357.10＋1148.00＝3505.10万元。（1.0分）

3.（本小题8.0分）

（1）物资采购合同重点管理的条款有：

1）标的；（0.5分）

2）数量；（0.5分）

3）包装；（0.5分）

4）运输方式；（0.5分）

5）价格；（0.5分）

6）结算；（0.5分）

7）违约责任；（0.5分）

8）特殊条款。（0.5分）

（2）供应合同的标的包括主要内容还有：购销物资的

1）品种；（1.0分）

2）型号；（1.0分）

3）规格；（1.0分）

4）等级。（1.0分）

4.（本小题8.0分）

（1）劳动力计划编制的要求还有：

1）要根据工程的实物量和定额标准分析劳动需用总工日，确定生产工人、工程技术人员的数量和比例，以便对现有人员进行调整、组织、培训，以保证现场施工的劳动力到位。（2.0分）

2）要准确计算工程量和施工期限。（2.0分）

（2）劳动力使用不均衡，还会出现：

1）增加劳动力的管理成本；（2.0分）

2）带来住宿、交通、饮食、工具等方面的问题。（2.0分）

5.（本小题10.0分）

（1）设计变更的步骤：

1）提出设计变更；（1.0分）

2）由建设单位、设计单位、施工单位协商；（1.0分）

3）经由设计部门确认，发出相应图纸或说明；（1.0分）

4）办理签发手续后实施。（1.0分）

（2）索赔事项是否成立如下所示：

事项（1）索赔成立；（1.0分）

理由：建设单位提出修改，属于建设单位责任，由此产生的人员窝工费用可以索赔。（1.0分）

事项（2）索赔成立；（1.0分）

理由：建设单位提出修改，属于建设单位责任，由此产生的机械停窝工费用可以索赔。（1.0分）

事项（3）索赔成立；（1.0分）

理由：建设单位提出修改，属于建设单位责任，并且该工作在关键线路上，所以工期可以索赔。（1.0分）

案　例　二

【2016建筑（四）部分内容】

背景资料：

某新建住宅工程，建筑面积43200m^2，投资额25910万元。建设单位自行编制了招标工程量清单等招标文件，其中部分条款内容为：本工程实行施工总承包模式：承包工程为土建、水电安装、内外装修及室外道路和小区园林景观；施工质量标准为合格；工程款按每月完成工作量的80%支付，保修金为总价的5%，招标控制价为25000万元；工期自2013年7月1日起至2014年9月30日止，工期为15个月；园林景观由建设单位指定专业承包单位施工。

某工程总承包单位按市场价格计算为25200万元，为确保中标最终以23500万元作为投标价。2013年6月28日，施工总承包单位编制了项目管理实施规划，其中：项目成本目标为21620万元，项目现金流量表3.2.2如下所示（单位：万元）：

表3.2.2

名称＼工期	1	2	3	4	5	6	7	8	9	10	……
月度完成工作量	450	1200	2600	2500	2400	2400	2500	2600	2700	2800	……
现金流入	315	840	1820	1750	1680	1680	1750	2210	2295	2380	……
现金流出	520	980	2200	2120	1500	1200	1400	1700	1500	2100	……
月净现金流量											
累计净现金流量											

截至2013年12月末，累计施工工程成本10395万元，处置废旧材料所得3.5万元，获得贷款资金800万元，施工进度奖励146万元。内装修施工时，项目经理部发现建设单位提供的工程量清单中未包括一层公共区域地面面层子目，铺占面积1200m²。因招标工程量清单中没有类似子目，于是项目经理按照市场价格信息重新组价，综合单价1200元/m²，经现场专业监理工程师审核后上报建设单位。

问题：

1.项目经理部制定项目成本计划的依据有哪些？施工至第几个月时项目累计现金流为正？该月的累计净现金流是多少万元？

2.截至2013年12月末，本项目的合同完工进度是多少？建造合同收入是多少万元（保留小数点后两位）？资金供应需要考虑哪些条件？

3.招标单位应对哪些招标工程量清单总体要求负责？除工程量清单缺项外，还有哪些情况允许调整招标工程量清单所列工程量？依据本合同原则计算一层公共区域楼地面面层的综合单价（单位：元/m²）及总价（单位：万元，保留小数点后两位）分别是多少？

答案：

1.（本小题5.0分）

（1）制定成本计划的依据包括：

1）合同文件；

2）项目管理实施规划；

3）可研报告和相关设计文件；

4）市场价格信息；

5）相关定额；

6）类似项目的成本资料。（3.0分）

（2）施工至第8个月时累计净现金流量为正。（1.0分）

（3）该月累计净现金流量是425万元。（1.0分）

2.（本小题6.0分）

（1）截至2013年12月末，10395/21620×100%＝48.08%，本项目合同完工进度为48.08%。（1.0分）

（2）完成的工程款：450＋1200＋2600＋2500＋2400＋2400＝11550万元；
考虑扣除保修金、工程款支付：11550×（80%－5%）＋146＝8 808.50万元。（3.0分）

（3）资金供应需要考虑：资金总供应量、资金来源以及资金的供应时间。（2.0分）

3.（本小题7.0分）

（1）招标单位应对招标工程量清单的完整性和准确性负责。（1.0分）

（2）除了工程量清单漏项外，相关法律法规发生变换、工程量偏差、工程变更等也可能调整清单所列工程量。（3.0分）

（3）一楼公共区域楼地面面层综合单价为1200×（23500/25200）＝1119.05元/m²。（2.0分）

（4）总价为1200×1119.05＝134.29万元。（1.0分）

案 例 三

【2014 建筑（四）部分内容】

背景资料：

某大型综合商场工程，建筑面积 49500m²，地下 1 层，地上 3 层，现浇钢筋混凝土框架结构。建安投资为 22000.00 万元，采用工程量清单计价模式，报价执行《建设工程工程量清单计价规范》GB 50500—2013，工期自 2013 年 8 月 1 日至 2014 年 3 月 31 日，面向国内公开招标，有 6 家施工单位通过了资格预审进行投标。

从工程招标至竣工决算的过程中，发生了下列事件：

事件 2：E 单位的投标报价构成如下：分部分项工程费为 16100.00 万元，措施项目费为 1800.00 万元，安全文明施工费为 322.00 万元，其他项目费为 1200.00 万元，暂列金额为 1000.00 万元，管理费 10%，利润 5%，规费 1%，税金 11%。

事件 3：建设单位按照合同约定支付了工程预付款；但合同中未约定安全文明施工费预支付比例，双方协商按照国家相关部门规定的最低预支付比例进行支付。

事件 5：2014 年 3 月 30 日工程竣工验收，5 月 1 日双方完成竣工决算，双方书面签字确认于 2014 年 5 月 20 日前由建设单位支付未付工程款 560 万元（不含 5%的保修金）给 E 施工单位。此后，E 施工单位 3 次书面要求建设单位支付所欠款项，但是截至 8 月 30 日建设单位仍未支付 560 万元的工程款。随即 E 施工单位以行使工程款优先受偿权为由，向法院提起诉讼，要求建设单位支付欠款 560 万元，以及欠款利息 5.2 万元、违约金 10 万元。

问题：

1. 列式计算事件 2 中 E 单位的中标造价是多少万元（保留两位小数）。根据工程项目不同建设阶段，建设工程造价可划分为哪几类？该中标造价属于其中的哪一类？

2. 事件 3 中，建设单位预支付的安全文明施工费最低是多少万元（保留两位小数）？并说明理由。安全文明施工费包括哪些费用？

3. 事件 5 中，工程款优先受偿权自竣工之日起共计多少个月？E 单位诉讼是否成立？其可以行使的工程款优先受偿权是多少万元？

答案：

1.（本小题 5.0 分）

事件 2 中 E 单位的中标造价＝(16100.00＋1800.00＋1200.00)×(1＋1%)×(1＋11%)＝21413.01 万元。（2.0 分）

根据工程建设不同阶段，建设工程造价分为：招标控制价、投标价、签约合同价、竣工结算价。其中标造价属于投标价。（3.0 分）

2.（本小题 6.0 分）

事件 3 中建设单位支付的安全文明施工费＝322×(5/8)×60%＝201.25×60%＝120.75 万元。（2.0 分）

理由：根据相关规定，发包人应该在工程开工后的 28 天之内预付不低于当年施工进度计划的安全文明施工费总额的 60%，其余部分按照提前安排的原则，与进度款同期支付。（2.0 分）

安全文明施工费包括：安全施工费、文明施工费、环境保护费、临时设施费。

(2.0分)

3.(本小题4.0分)

(1) 优先受偿权自竣工之日起6个月。(1.0分)

(2) E单位诉讼成立。(1.0分)

(3) 可以行使的优先受偿权=560+5.2=565.2万元，不含建设单位违约金。

(2.0分)

案 例 四

【2013建筑（四）部分内容】

背景资料：

某新建图书馆工程，采用公开招标的方式，确定某施工单位中标，双方按《建设工程施工合同（示范文本）》GF—2013—0201签订了施工总承包合同。合同约定总造价14250万元，预付备料款2800万元，每月底按月支付施工进度款。竣工结算时，结算价款按调值公式法进行调整。在招标和施工过程中，发生了如下事件：

事件2：合同约定主要材料按占总造价比重55%计，预付备料款在起扣点之后的五次月度支付中扣回。

事件4：某分项工程由于设计变更导致该分项工程量变化幅度达20%，合同专用条款未对变更价款进行约定。施工单位按变更指令施工，在施工结束后的下一个月上报支付申请的同时，还上报了该设计变更的变更价款申请，监理工程师不批准变更价款。

事件6：合同中约定，根据人工费和四项材料的价格指数对总造价按调值公式法进行调整。各调值因素的比重、基准和现行价格指数见表3.2.3。

表3.2.3

可调项目	人工费	材料一	材料二	材料三	材料四
因素比重	0.15	0.30	0.12	0.15	0.08
基期价格指数	0.99	1.01	0.99	0.96	0.78
现行价格指数	1.12	1.16	0.85	0.80	1.05

问题：

1.事件2中，列式计算预付备料款的起扣点是多少万元？(精确到小数点后两位)

2.事件4中，监理工程师不批准变更价款申请是否合理？并说明理由。合同中未约定变更价款的情况下，变更价款应如何处理？

3.事件6中，列式计算经调整后的实际计算价款应为多少万元？(精确到小数点后两位)

答案：

1.(本小题2.0分)

预付备料款的起扣点=14250−2800/55%=9159.09万元。(2.0分)

2.(本小题8.0分)

(1) 合理。(1.0分)

理由：施工单位在收到变更指令后的14天内，未向监理工程师提交变更价款申请，

视为该变更工程不涉及价款变更。（1.0分）

（2）按相关文件规定确定：（4.0分）

1）已标价工程量清单或预算书有相同项目的，按照相同项目单价认定；

2）已标价工程量清单或预算书中无相同项目，但有类似项目的，参照类似项目的单价认定；

3）变更导致实际完成的变更工程量与已标价工程量清单或预算书中列明的该项工程量的变化幅度超过15%的，或已标价工程量清单或预算书中无相同项目及类似项目单价的，按照合理的成本与利润构成的原则，由合同当事人协商确定变更工程的单价。

3.（本小题3.0分）

事件6，调整后的实际结算价款为：

14250×（0.2＋0.15×1.12/0.99＋0.30×1.16/1.01＋0.12×0.85/0.99＋0.15×0.80/0.96＋0.08×1.05/0.78）＝14962.13万元（3.0分）

案　例　五

【2011建筑（四）部分内容】

背景资料：

某写字楼工程，建筑面积120000m²，地下2层，地上22层，钢筋混凝土框架剪力墙结构，合同工期780天。某施工总承包单位按照建设单位提供的工程量清单及其他招标文件参加了该工程的投标，并以34263.29万元的报价中标。双方依据《建设工程施工合同（示范文本）》DF—1999—0201签订了工程施工总承包合同。

合同约定：本工程采用单价合同计价模式；当实际工程量增加或减少超过清单工程量5%时，合同单价予以调整，调整系数为0.95或1.05；投标报价中的钢筋、土方的全费用综合单价分别为5800元/吨、32元/m³。

合同履行过程中，施工总承包单位项目部对清单工程量进行了复核。其中：钢筋实际工程量为9600吨，钢筋清单工程量为10176吨；土方实际工程量为30240m³，土方清单工程量为28000m³。施工总承包单位向建设单位提交了工程价款调整报告。

问题：

1.施工总承包单位的钢筋和土方工程价款是否可以调整？为什么？

2.列式计算调整后的价款分别是多少万元？

答案：

1.（本小题2.0分）

（1）钢筋工程价款可以调整；因为（10176－9600）/10176＝5.66%＞5%。（1.0分）

（2）土方工程价款可以调整；因为（30240－28000）/28000＝8%＞5%。（1.0分）

2.（本小题4.0分）

（1）钢筋工程价款

钢筋工程全部执行新价：9600×5800×1.05＝5846.40万元。（1.0分）

（2）土方工程价款

超出5%的部分执行新价32×0.95＝30.4元/m³；（0.5分）

原价量28000×1.05＝29400m³；（0.5分）

新价量30240－29400＝840m³；（0.5分）

工程价款 29400×32＋840×30.4＝96.63 万元。（0.5 分）

合计：5846.4＋96.63＝5943.03 万元。（1.0 分）

案　例　六

【2014 机电（三）部分内容】

背景资料：

某机电工程公司投标总承包了一工业项目，主要内容包括：设备基础施工、厂房钢结构制作和吊装、设备安装调试、工业管道安装及试运行等。项目开工前，该机电工程公司按合同规定向建设单位提交了施工进度计划，编制了各项工作逻辑关系及工作时间表（表 3.2.4），该项目的厂房钢结构选用了低合金结构钢，在采购时，钢厂只提供了高强度、高韧性的综合力学性能。

表 3.2.4

代号	工作内容	工作时间（d）	紧前工序	代号	工作内容	工作时间（d）	紧前工序
A	工艺设备基础施工	72	—	G	电气设备安装	64	D
B	厂房钢结构基础施工	38	—	H	工艺设备调整	55	E
C	钢结构制作	46	—	I	工业管道试验	24	F
D	钢结构吊装、焊接	30	B、C	J	电气设备调整	28	G
E	工艺设备安装	48	A、D	K	单机试运行	12	H、I、J
F	工艺管道安装	52	A、D	L	联动及负荷试运行	10	K

工程施工中，由于工艺设备是首次安装，经反复多次调整后才达到质量要求。致使项目部工程费用超支，工期拖后。在 150 天时，项目部用赢得值法分析，取得以下 3 个数据：已完工程预算费用 3500，计划工程预算费用 4000 万元，已完成实际费用 4500 万元。

在设备和管道安装、试验和调试完成后，由相关单位组织了该项目的各项试运行工作。

问题：

计算第 150 天时的进度偏差和费用偏差。

答案：

（本小题 6.0 分）

（1）进度偏差（*SV*）＝已完工程预算费用（*BCWP*）－计划工程预算费用（*BCWS*）

＝3500－4000＝－500 万元<0，说明进度延误。（3.0 分）

（2）费用偏差（*CV*）＝已完工程预算费用（*BCWP*）－已完工程实际费用（*ACWP*）

＝3500－4500＝－1000 万元<0，说明费用超支。（3.0 分）

案　例　七

【2017 通信与广电（四）部分内容】

背景资料：

某公司承担了一项通信基站设备工程，主要工程量包括 120 个宏站和 240 个微站设备安装，合同约定：4 月 1 日开工，6 月 30 日完工，建设单位在 7 月 10 日完成初验，10 月 15 日前完成竣工验收，11 月 11 日办理竣工验收备案手续。

项目部指定了进度计划和成本预算：

（1）周六、周日及节假日期间本项目正常施工，每周完成宏站 10 个、微站 20 个，计划 4 月 1 日开工，6 月 23 日完工，工期 12 周。

（2）宏站的施工预算费为 6000 元/站，微站施工预算费为 3000 元/站，管理预算费用为 12000 元/周。

工程进行到第 4 周末和第 8 周末时，工程进度及相关成本费用见表 3.2.5。

表 3.2.5

时间点	宏站进度(站)	微站进度(站)	实际费用(元)	管理费用(元)
第 4 周末	30	90	425000	45000
第 8 周末	85	165	1000000	100000

问题：

1. 分别计算第 4 周末和第 8 周末计划工作预算费用 *BCWS*，已完工作预算费用 *BCWP*，已完工作实际费用 *ACWP*。

2. 分别计算第 4 周末和第 8 周末的 *CV* 和 *SV*。

3. 分析第 4 周末和第 8 周末进度和费用偏差情况并制定纠偏措施。

答案：

1.（本小题 6.0 分）

第 4 周末：计划工作预算费用 $BCWS=4\times10\times6000+4\times20\times3000+4\times12000=528000$ 元；（1.0 分）

已完工作预算费用 $BCWP=30\times6000+90\times3000+4\times12000=498000$ 元；（1.0 分）

已完工作实际费用 $ACWP=425000+45000=470000$ 元。（1.0 分）

第 8 周末：计划工作预算费用 $BCWS=8\times10\times6000+8\times20\times3000+8\times12000=1056000$ 元；（1.0 分）

已完工作预算费用 $BCWP=85\times6000+165\times3000+8\times12000=1101000$ 元；（1.0 分）

已完工作实际费用 $ACWP=1000000+100000=1100000$ 元。（1.0 分）

2.（本小题 4.0 分）

第 4 周末 $CV=BCWP-ACWP=498000-470000=28000$ 元；（1.0 分）

$SV=BCWP-BCWS=498000-528000=-30000$ 元；（1.0 分）

第 8 周末 $CV=BCWP-ACWP=1101000-1100000=1000$ 元；（1.0 分）

$SV=BCWP-BCWS=1101000-1056000=45000$ 元。（1.0 分）

3.（本小题 4.0 分）

第 4 周末，$BCWS>BCWP>ACWP$，说明本工程投入延后，进度较慢，（1.0 分）

采取措施：迅速增加人员投入。（1.0 分）

第 8 周末，$BCWP>ACWP>BCWS$，说明本工程投入延后，进度较快，（1.0 分）

采取措施：抽调部分人员，放慢进度。　　(1.0分)

案　例　八
（综合）

背景资料：

某工程项目承包合同价为6240万元，另外规定：

（1）工程预付款为合同总价的25%。

（2）工程预付款从未施工工程所需的主要材料及构配件价值相当于工程预付款时起扣，每月以抵充工程款的方式陆续收回。主要材料及构配件比重按60%考虑。

（3）除设计变更和其他不可抗力因素外，合同总价不做调整。

（4）材料和设备均由承包商负责采购。

（5）工程保修金为合同总价的5%，在工程结算时一次扣留。

经业主工程师代表签认的承包商实际完成的建安工作量见表3.2.6（单位：万元）。

表3.2.6

施工月份	第1～7月	第8月	第9月	第10月	第11月	第12月
实际完成建安工作量	3000	420	510	770	750	790
实际完成建安工作量累计	3000	3420	3930	4700	5450	6240

问题：

1.本工程预付款是多少万元？

2.工程预付款应从哪个月开始起扣？

3.第1～7月份合计以及第8、9、10月，业主工程师代表应签发的工程款各是多少万元？(请列出计算过程)

答案：

1.(本小题2.0分)

预付款：6240×25%＝1560万元。　　(2.0分)

2.(本小题3.0分)

起扣点：6240－1560÷60%＝3640万元；　　(1.0分)

第9月累计完成工作量为3930万元＞3640万元；　　(1.0分)

工程预付款应从第9月开始起扣。　　(1.0分)

3.(本小题6.0分)

应签发的工程款：

第1～7个月合计应签发3000万元；　　(1.0分)

第8个月应签发420万元；　　(1.0分)

第9个月应扣的工程预付款：(3930－3640)×60%＝174万元；　　(1.0分)

应签发510－174＝336万元；　　(1.0分)

第10月应扣工程预付款为：770×60%＝462万元；　　(1.0分)

应签发770－462＝308万元。　　(1.0分)

案 例 九

（综合）

背景资料：

某施工单位承接了某项工程的总包施工任务，该工程由 A、B、C、D 四项工作组成，施工场地狭小。为了进行成本控制，项目经理部对各项工作进行了分析，其结果见表 3.2.7。

表 3.2.7

工作	功能评分	预算成本（万元）
A	15	650
B	35	1200
C	30	1030
D	20	720
合计	100	3600

工程进展到第 25 周 5 层结构时，公司各职能部门联合对该项目进行突击综合大检查。

检查成本时发现：C 工作，实际完成预算费用 960 万元，计划完成预算费用为 910 万元，实际成本 855 万元。

问题：

1. 计算表 3.2.8 中 A、B、C、D 四项工作的评价系数、成本系数和价值系数（将此表复制到答题卡上，计算结果保留小数点后两位）。

表 3.2.8

工作	功能评分	预算成本（万元）	评价（功能）系数	成本系数	价值系数
A	15	650			
B	35	1200			
C	30	1030			
D	20	720			
合计	100	3600			

2. 在 A、B、C、D 四项工作中，施工单位应首选哪项工作作为降低成本的对象？说明理由。

3. 计算并分析 C 工作的费用偏差和进度偏差情况。

答案：

1. （本小题 8.0 分）

表 3.2.9

工作	功能评分	预算成本（万元）	评价（功能）系数	成本系数	价值系数
A	15	650	0.15	0.18	0.83
B	35	1200	0.35	0.33	1.06
C	30	1030	0.30	0.29	1.03
D	20	720	0.20	0.20	1.00
合计	100	3600	1.00	1.00	

2.（本小题 2.0 分）

施工单位应首选 A 工作作为降低成本的对象；（1.0 分）

因为 A 工作价值系数低。（1.0 分）

3.（本小题 4.0 分）

（1）费用偏差＝960－855＝105 万元；（1.0 分）

费用偏差为正，说明 C 工作费用节支。（1.0 分）

（2）进度偏差＝960－910＝50 万元；（1.0 分）

进度偏差为正，说明 C 工作进度提前。（1.0 分）

第四章　招标投标

核心考点	招标的范围	必须招标的工程项目规定
		可以不进行招标的范围(直接发包)
	确定招标的方式	公开招标、邀请招标
	确定招标的组织方式	自行招标、委托招标
	确定合同类型	总价合同
		单价合同
		成本加酬金合同
	编制要约邀请文件	招标公告
		资格预审公告
		投标邀请书
	编制资格审查文件	—
	编制招标文件	—
	发布要约邀请文件	—
	发售资格预审文件	发售期限、准备期限、修改期限
	发售招标文件	发售期限、准备期限、修改期限
	组织现场踏勘	组织主体、自愿、自费
	标前会议	组织主体、会议纪要
	投标文件	投标文件的内容
		联合体投标规定
		投标保证金
		提交投标文件
		修改投标文件
	开标	时间、地点、人员、废标情形
	评标	评标委员会、初评、详评
	定标	—
	签约	—
	禁止行为	—
经典考题		

第一节　招标投标核心考点

有关建设工程招标投标管理的法律文件：

《中华人民共和国招标投标法》（自 2000 年 1 月 1 日起施行）

《工程建设项目招标范围和规模标准规定》（国家发展计划委第 3 号令）（自 2000 年 5 月 1 日起施行）

《中华人民共和国招标投标法实施条例》（国务院令第 613 号）（自 2012 年 2 月 1 日起实施）

《工程建设项目施工招标投标办法》（七部委 30 号令）（自 2013 年 5 月 1 日起实施）

考点一：招标的范围

一、必须招标的工程项目规定

第一条　为了确定必须招标的工程项目，规范招标投标活动，提高工作效率、降低企业成本、预防腐败，根据《中华人民共和国招标投标法》第三条的规定，制定本规定。

第二条　全部或者部分使用国有资金投资或者国家融资的项目包括：

1.使用预算资金 200 万元人民币以上，并且该资金占投资额 10%以上的项目；

2.使用国有企业事业单位资金，并且该资金占控股或者主导地位的项目。

第三条　使用国际组织或者外国政府贷款、援助资金的项目包括：

1.使用世界银行、亚洲开发银行等国际组织贷款、援助资金的项目；

2.使用外国政府及其机构贷款、援助资金的项目。

第四条　不属于本规定第二条、第三条规定情形的大型基础设施、公用事业等关系社会公共利益、公众安全的项目，必须招标的具体范围由国务院发展改革部门会同国务院有关部门按照确有必要、严格限定的原则制订，报国务院批准。

第五条　本规定第二条至第四条规定范围内的项目，其勘察、设计、施工、监理以及与工程建设有关的重要设备、材料等的采购达到下列标准之一的，必须招标：

1.施工单项合同估算价在 400 万元人民币以上；

2.重要设备、材料等货物的采购，单项合同估算价在 200 万元人民币以上；

3.勘察、设计、监理等服务的采购，单项合同估算价在 100 万元人民币以上。同一项目中可以合并进行的勘察、设计、施工、监理以及与工程建设有关的重要设备、材料等的采购，合同估算价合计达到前款规定标准的，必须招标。

二、可以不进行招标的范围（直接发包）

1.法定原则以外的（私人投资项目）；

2.法定原则以内的，但是比上述标准小的，比如总投资 2800 万元，施工单项合同估算价 190 万元；

3.涉及国家安全、国家秘密、抢险救灾或者属于利用扶贫资金实行以工代赈、需要使用农民工等特殊情况，不适宜进行招标的项目，按照国家有关规定可以不进行招标；

4.需要采用不可替代的专利或者专有技术；

5.采购人依法能够自行建设、生产或者提供；

6.已通过招标方式选定的特许经营项目投资人依法能够自行建设、生产或者提供；
7.需要向原中标人采购工程、货物或者服务，否则将影响施工或者功能配套要求；
8.国家规定的其他特殊情形。

考点二：确定招标的方式

一、公开招标是指招标人以招标公告的方式邀请不特定的法人或者其他组织投标

最小范围是国家，最大范围是全世界。

国务院发展计划部门确定的国家重点项目和省、自治区、直辖市人民政府确定的地方重点项目，全部或部分使用国有资金投资的项目必须公开招标。

二、邀请招标是指招标人以投标邀请书的方式邀请特定的法人或者其他组织投标

国务院发展计划部门确定的国家重点项目和省、自治区、直辖市人民政府确定的地方重点项目不适宜公开招标的，经国务院发展计划部门或者省、自治区、直辖市人民政府批准，可以进行邀请招标。

国有资金占控股或者主导地位的依法必须进行招标的项目，应当公开招标；但有下列情形之一的，可以邀请招标：

1.技术复杂、有特殊要求或者受自然环境限制，只有少量潜在投标人可供选择；
2.采用公开招标方式的费用占项目合同金额的比例过大。

考点三：确定招标的组织方式

1.自行招标

招标人具有编制招标文件和组织评标能力的，可以自行办理招标事宜。任何单位和个人不得强制其委托招标代理机构办理招标事宜。

依法必须进行招标的项目，招标人自行办理招标事宜的，应当向有关行政监督部门备案。

2.委托招标

考点四：确定合同类型

1.总价合同：包括固定总价，可调总价；
2.单价合同：包括固定单价，可调单价；
3.成本加酬金合同。
根据设计深度、工期长短、技术复杂程度确定合同类型：
（1）工程量可以准确计算的，用总价合同，工期长的用可调，工期短的用固定；
（2）工程量不能准确计算的，用单价合同，工期长的用可调，工期短的用固定；
（3）风险大、技术复杂的，用成本加酬金合同。

考点五：编制要约邀请文件

1.招标公告（公开招标）；
2.资格预审公告（邀请招标）；
3.投标邀请书，包括的内容：招标人的名称和地址，招标项目类型、规模、地点，时间，资金来源，资质要求以及获取招标文件的办法等事项。

考点六：编制资格审查文件

1.资格预审和后审。

2.内容包括：

（1）签约权力：审资质、营业执照，施工单位要审安全生产许可证；

（2）履约能力：人员，财务，机械，建设业绩，施工经历；

（3）目前状况：账户有没有冻结、查封，有没有投标资格；

（4）近三年的情况：近三年有没有质量安全事故，有没有被业主赶出现场；

（5）其他规定：其他。

考点七：编制招标文件

1.招标文件可限定最高报价，但不可限定最低报价。

2.招标文件包括内容：（1）投标人须知；（2）投标函格式；（3）投标人须知前附表（42项）；（4）设计文件（图纸）；（5）技术标准；（6）合同条款；（7）招标工程量清单；（8）评标办法；（9）其他。

考点八：发布要约邀请文件

1.依法必须进行招标的项目，招标公告和资格预审公告应在国务院发展改革部门依法指定的媒介发布。

2.招标人采用邀请招标方式的，应当向三个以上具备承担招标项目的能力、资信良好的特定的法人或者其他组织发出投标邀请书。

考点九：发售资格预审文件

1.发售期限：自发售之日起至停止发售之日止至少5日；售价为成本支出（纸张、印刷、邮寄费用）。

2.准备期限：自停止发售日起至提交资格预审申请文件截止日至少5日。

3.修改期限：从修改或补充日起至提交资格预审申请文件截止日至少3日。

考点十：发售招标文件

1.发售期限：自发售之日起至停止发售之日止至少5日；售价为成本（纸张、印刷、邮寄费用）。

2.准备期限：自发售日起至投标截止日至少20日。

3.修改期限：从修改或补充日起至投标截止日至少15日。

考点十一：组织现场踏勘

1.组织主体：招标人或招标代理机构组织，全体投标人参加（不得组织单个或者部分潜在投标人）。

2.自愿：来不来自愿。

3. 自费。

考点十二：标前会议（投标预备会）

1. 组织主体：招标人或招标代理机构组织，全体投标人参加（不得组织单个或者部分潜在投标人）。

2. 会议纪要：发给所有投标人。

考点十三：投标文件

一、投标文件的内容

1. 投标函及投标函附录；
2. 法定代表人身份证明或附有法定代表人身份证明的授权委托书；
3. 联合体协议书（如允许）；
4. 投标保证金；
5. 已标价工程量清单；
6. 施工组织设计；
7. 项目管理机构；
8. 拟分包项目情况表；
9. 资格审查资料；
10. 其他。

二、联合体投标规定

1. 联合体各方均应具备相应资格条件；由同一专业的单位组成的联合体，按资质等级较低的单位确定资质等级；
2. 各方不得再以自己名义单独或参加其他联合体在同一标段中投标；
3. 联合体各方应签订共同投标协议；
4. 明确牵头人和各方权利义务；
5. 联合体中标的，各方应共同与招标人签订合同，就中标项目向招标人承担连带责任。

三、投标保证金

1. 有效期：投标有效期从投标截止日开始计算，一般 60～90 天，大型的 120 天；投标保证金有效期与投标有效期一致；
2. 数额：投标保证金不超过招标项目估算价 2%，最高不超过 80 万元；
3. 没收：有效期内撤标、拒签合同、未提交履约保证金时投标保证金被没收；
4. 退还：投标截止日前撤标及签合同后 5 日退还投标保证金。

四、提交投标文件

投标截止日前任何时间都可以提交。

五、修改投标文件

投标截止日前任何时间都可以修改、替代、撤回。

考点十四：开标

1. 时间：投标截止日；

2. 地点：招标文件指定；

3. 人员：招标人或委托招标代理机构主持，招标人、投标人及监督人参加；

4. 废标情形：（1）逾期提交投标文件；（2）未参加开标会议；（3）未密封；（4）没有签章；（5）未提交投标保证金；（6）联合体投标未提交联合体共同投标协议；（7）投标报价超过最高投标限价；（8）一标多投；（9）一标多价；（10）其他。

考点十五：评标

一、评标委员会

开标前组建，在专家名册中随机抽取或有特殊要求的可以直接指定专家组成，5 人以上单数（含 5 人），其中技术经济专家不少于 2/3，政府监督部门人员禁止担任评标专家，与投标人有利害关系的禁止担任评标专家；评标前保密。

二、初评

1. 澄清：不接受投标人主动澄清。

2. 校正：大写；单价，但单价小数点明显错位，以合价为准；中文英文不一致的，以中文为准。

3. 细微偏差：缺项漏项；不完整信息。

4. 初审废标：（1）资格；（2）低于成本的报价；（3）串标废标；（4）重大偏差（里面签章不全，保函有瑕疵，自报工期不满足要求工期，标准与招标文件不符，包装不符合要求，投标文件中附带了招标人不可接受的条件，其他）。

三、详评

1. 依据：按招标文件规定的评标标准和评标方法；

2. 方法：经评审的最低评标价法或综合评估法；

3. 结果：评标报告（中标候选人名单 1～3 人，标明顺序）。

考点十六：定标

1. 主体：招标人或被授权的评标委员会。

2. 中标条件

（1）最大限度地满足招标文件的各项综合评价标准（分高）。

（2）满足招标文件的实质性要求，且经评审的投标价格最低，但低于成本的除外。

3. 中标候选人应当不超过 3 个，并标明顺序。

4. 评标报告应当由评标委员会全体成员签字；评标委员会成员拒绝在评标报告上签字又不书面说明其不同意见和理由的，视为同意评标结果。

5. 招标人自收到评标报告起 3 日内公示；公示期不得少于 3 日。收到报告 15 日内确定中标人。

6. 中标主体

国有资金占控股或者主导地位的依法必须招标的项目，招标人应当确定排名第一的中标候选人为中标人。

排名第一的中标候选人放弃中标、因不可抗力不能履行合同、不按照招标文件要求提交履约保证金，或者被查实存在影响中标结果的违法行为等情形，不符合中标条件的，招标人可以按照评标委员会提出的中标候选人名单依次确定其他中标候选人为中标人，也可以重新招标。

考点十七：签约

1. 时间：自发出中标通知书之日起 30 日内签合同。

2. 依据：依照《招标投标法》和《招标投标实施条例》的规定签订书面合同，合同的标的、价款、质量、履行期限等主要条款应当与招标文件和中标人的投标文件的内容一致。招标人和中标人不得再行订立背离合同实质性内容的其他协议。

3. 担保：履约保证金不得超过中标合同金额的 10%。

4. 招标人最迟应当在书面合同签订后 5 日内向中标人和未中标的投标人退还投标保证金及银行同期存款利息。

考点十八：禁止行为

1. 不可对投标人或潜在投标人实行歧视待遇。

2. 不可以不合理条件限制或排斥潜在投标人或投标人。

3. 不可强制投标人组成联合体投标。

4. 不可在中标候选人之外确定中标人。

5. 不可在订立合同后，另行签订背离合同实质内容的其他协议。

第二节　招标投标经典考题

案　例　一

背景资料：

某政府投资项目，主要分为建筑工程、安装工程和装修工程三部分，项目投资为 5000 万元，其中，估价为 220 万元的设备由招标人采购。

在招标文件中，招标人对投标有关时限规定如下：

（1）投标截止时间为自招标文件停止出售之日起的第十五日上午 9 时整；

（2）接受投标文件的最早时间为投标截止时间前 72 小时；

（3）若投标人要修改、撤回已提交的投标文件，须在投标截止时间 24 小时前提出；

（4）投标有效期从发售招标文件之日起计算，共 90 天。

招标文件同时规定：建筑工程应由具有一级以上资质的企业承包，安装工程和装修工程应由具有二级以上资质企业承包，招标人鼓励投标人组成联合体投标。

在参加投标的企业中，A、B、C、D、E、F 为建筑公司，G、H、J、K 为安装公司，L、N、P 为装修公司，除了 K 公司为二级企业外，其余均为一级企业，上述企业分别组成联合体投标，各联合体组成见表 4.2.1。

表 4.2.1

联合体编号	Ⅰ	Ⅱ	Ⅲ	Ⅳ	Ⅴ	Ⅵ	Ⅶ
联合体组成	A、L	B、C	D、K	E、H	G、N	F、J、P	E、L

在上述联合体中，某联合体协议中规定：若中标，由牵头人与招标人签订合同，然后将联合体协议送交招标人；联合体所有与业主方的联系工作以及内部协调工作均由牵头人负责，各成员单位按投入比例分享利润并向招标人承担责任，且需向牵头人支付各自所承担合同金额部分1%的管理费。

问题：

1.该项目估价为220万元的设备采购是否可以不招标？说明理由。

2.分别指出招标人对投标有关时限的规定是否正确，说明理由。

3.按联合体的编号，判别各联合体的投标是否有效？若无效，说明原因。

4.指出上述联合体协议内容的错误之处，说明理由或写出正确做法。

答案：

1.（本小题1.5分）

不能不招标；（0.5分）

理由：设备采购200万元以上应该招标。（1.0分）

2.（本小题6.0分）

“（1）”不妥；（0.5分）

理由：自招标文件出售之日至投标截止时间不少于20天。（1.0分）

“（2）”不妥；（0.5分）

理由：投标截止时间前的任何时间均应接受投标文件。（1.0分）

“（3）”不妥；（0.5分）

理由：投标截止时间前的任何时间，投标人均可修改、撤回投标文件。（1.0分）

“（4）”不妥；（0.5分）

理由：投标有效期从投标截止时间开始计算。（1.0分）

3.（本小题5.0分）

（1）Ⅰ无效；（0.5分）

理由：L投标人不得参加两个联合体投标。（0.5分）

（2）Ⅱ有效。（0.5分）

（3）Ⅲ有效。（0.5分）

（4）Ⅳ无效；（0.5分）

理由：E投标人不得参加两个联合体投标。（0.5分）

（5）Ⅴ有效。（0.5分）

（6）Ⅵ有效。（0.5分）

（7）Ⅶ无效；（0.5分）

理由：E、L投标人不得参加两个联合体投标。（0.5分）

4.（本小题7.5分）

（1）“若中标，由牵头人与招标人签订合同”不妥；（0.5分）

理由：若中标，应由联合体各方共同与招标人签订合同。（1.0分）

（2）“然后将联合体协议送交招标人”不妥；（0.5分）

理由：联合体协议应在投标截止时间前与投标文件一并提交招标人。（1.0分）

（3）“联合体所有与业主方的联系工作均由牵头人负责”不妥；（0.5分）

理由：应经各方法定代表人书面委托授权后，牵头人才能进行这些工作。（1.0分）

(4)"各成员单位按投入比例分享利润"不妥；（0.5分）

理由：各成员单位应按各自所承担合同金额获得利润。（1.0分）

(5)"并向招标人承担责任"不妥；（0.5分）

理由：联合体各方应当向招标人承担连带责任。（1.0分）

案 例 二

背景资料：

某市政府投资一建设项目，法人单位委托招标代理机构采用公开招标方式代理招标，并委托有资质的工程造价咨询企业编制了招标控制价。

招标投标过程中发生了如下事件：

事件1：招标信息在招标信息网上发布后，招标人考虑到该项目建设工期紧，为缩短招标时间，而改为邀请招标方式，并要求在当地承包商中选择中标人。

事件2：资格预审时，招标代理机构审查了各个潜在投标人的专业、技术资格和技术能力。

事件3：招标代理机构确定招标文件出售时间为3日；要求投标保证金为招标项目估算价的5%。

事件4：开标后，招标代理机构组建了评标委员会，由技术专家2人、经济专家3人、招标人代表1人、该项目主管部门主要负责人1人组成。

事件5：招标人向中标人发出中标通知书后，向其提出降价要求，双方经多次谈判，签订了书面合同，合同价比中标价降低2%。招标人在与中标人签订合同3周后，退还了未中标的其他投标人的投标保证金。

问题：

1.说明编制招标控制价的主要依据。

2.指出事件1中招标人行为的不妥之处，说明理由。

3.事件2中还应审查哪些内容?

4.指出事件3、事件4中招标代理机构行为的不妥之处，说明理由。

5.指出事件5中招标人行为的不妥之处，说明理由。

答案：

1.(本小题3.0分)

(1) 工程量清单计价规范。（0.5分）

(2) 技术标准、技术文件。（0.5分）

(3) 设计文件、相关资料。（0.5分）

(4) 工程量清单及招标文件的其他要求。（0.5分）

(5) 国家、行业发布的定额。（0.5分）

(6) 造价管理机构发布的造价信息。（0.5分）

2.(本小题2.5分)

(1)"改为邀请招标方式"不妥；（0.5分）

理由：政府投资的建设项目应当公开招标，如果项目技术复杂，经有关主管部门批

准，才能进行邀请招标。（1.0分）

（2）“要求在当地承包商中选择中标人”不妥；（0.5分）

理由：招标人不得对投标人实行歧视待遇。（0.5分）

3.（本小题2.5分）

（1）资质证书和营业执照；（0.5分）

（2）资金、设备状况，管理能力，经验、信誉和相应的从业人员情况；（0.5分）

（3）是否处于被责令停业，投标资格被取消，财产被接管、冻结；（0.5分）

（4）近3年内是否有骗取中标和严重违约及重大工程质量事故问题；（0.5分）

（5）是否符合法律、行政法规规定的其他资格条件。（0.5分）

4.（本小题7.5分）

（1）“招标文件出售的起止时间为3日”不妥；（0.5分）

理由：招标文件自出售之日起至停止出售之日至不得少于5日。（1.0分）

（2）“要求投标保证金为5%”不妥；（0.5分）

理由：投标保证金不得超过投标总价的2%。（1.0分）

（3）“开标后组建评标委员会”不妥；（0.5分）

理由：评标委员会应于开标前组建。（1.0分）

（4）“招标代理机构组建了评标委员会”不妥；（0.5分）

理由：评标委员会应由招标人负责组建。（1.0分）

（5）“该项目主管部门主要负责人1人”不妥；（0.5分）

理由：项目主管部门的人员不得担任评委。（1.0分）

5.（本小题4.5分）

（1）“向其提出降价要求”不妥；（0.5分）

理由：确定中标人后，不得就报价、工期等实质性内容进行变更。（1.0分）

（2）“双方经多次谈判，签订了书面合同，合同价比中标价降低2%”不妥；（0.5分）

理由：中标通知书发出后的30日内，招标人与中标人依据招标文件与中标人的投标文件签订合同，不得再行订立背离合同实质内容的其他协议。（1.0分）

（3）“招标人在与中标人签订合同3周后，退还了未中标的其他投标人的投标保证金”不妥；（0.5分）

理由：应在签订合同后的5日内，退还未中标的其他投标人的投标保证金。（1.0分）

案 例 三

背景资料：

某政府投资建设的大型市政工程，招标人以公开招标方式自行组织招标，共有15家投标申请人报名。招标过程中发生了如下事件：

事件1：共有12家投标申请人通过资格预审，招标人对该12家投标申请人进行了公示，并以电话形式通知其资格预审合格。

事件2：招标文件发售前，招标人组织了现场勘察；在现场勘察过程中，某投标申请人对招标文件中的地质情况提出质疑；招标人于投标截止时间前10天，向该投标申请人进行了答疑。

事件 3：评标委员会按招标文件中规定的经评审的最低投标价法进行了评标，其中 A 投标人的报价最低，但评标委员会认为该报价低于其成本。评标委员会经评审后，推荐第一、二、三名中标候选人依次为 B、C、D 投标人。招标人认为 B 投标人资信情况较差，拟与 C 投标人签订合同。

事件 4：在投标有效期截止时间前 20 天，招标人确定了中标人，并同时向中标人发出了中标通知书，但中标人以该项目利润太低为由拒绝与招标人签订合同。

问题：

1. 指出招标人在招标过程中做法的不妥之处？说明原因。

2. 事件 3 中评标委员会应如何认定 A 的报价低于其成本？

3. 事件 4 中中标人拒绝与招标人签订合同时，应对中标人如何处理？

答案：

1.（本小题 14.0 分）

（1）事件 1 中：

“招标人对该 12 家投标申请人进行了公示”不妥；（1.0 分）

因为招标人不得透露潜在投标人的名称和数量。（1.0 分）

“并以电话形式通知其资格预审合格”不妥；（1.0 分）

因为招标人应以书面形式通知所有参加资格预审的投标申请人。（1.0 分）

（2）事件 2 中：

“招标文件发售前，招标人组织了现场勘察”不妥；（1.0 分）

因为招标文件发售后，招标人方可组织现场勘察。（1.0 分）

“招标人于投标截止时间前 10 天，向该投标申请人进行了答疑”不妥；（1.0 分）

因为招标人应于投标截止时间 15 天前，将书面答疑发给所有购买招标文件的投标申请人。（1.0 分）

（3）事件 3 中：

“招标人认为 B 投标人资信情况较差，拟与 C 投标人签订合同”不妥；（1.0 分）

因为招标人应与排名第一的中标候选人签订合同。（1.0 分）

（4）事件 4 中：

“在投标有效期截止时间前 20 天，招标人确定了中标人”不妥；（1.0 分）

因为应当在投标有效期截止时间 30 个工作日前，确定中标人。（1.0 分）

“并同时向中标人发出了中标通知书”不妥；（1.0 分）

因为招标人应当在确定中标人后的 15 日内向有关行政主管部门提交书面报告，有关行政主管部门接到报告后 5 日内未提出异议的，招标人方可发出中标通知书。（1.0 分）

2.（本小题 3.0 分）

认为 A 的报价可能低于其成本时，应当要求 A 做出书面说明并提供证明资料。（1.0 分）

如 A 不能做出合理的书面说明或不能提供证明资料；（1.0 分）

评标委员会可以认定 A 的报价低于其成本，作为无效标处理。（1.0 分）

3.（本小题 3.0 分）

（1）没收其投标保证金；（1.0 分）

(2) 造成的损失超过投标保证金的，要求其赔偿超过部分； (1.0分)

(3) 上报有关行政主管部门，请求对该投标人进行行政处罚。 (1.0分)

案 例 四

背景资料：

某大型工程项目由政府投资，招标人委托招标代理机构代理施工招标。招标代理机构编制的招标文件中规定的投标有效期为90天，评标方法采用经评审的最低投标价法。

在开标及初步评审时出现了如下情况：

(1) A的投标报价为8000万元，经评审的投标价最低，评标委员会对其进行了质疑，A做出了合理的说明并提交了相关证明资料；

(2) B在开标时又提交了一份补充说明，提出可降价5%；

(3) C提交的银行投标保函有效期为80天；

(4) D的投标函盖有企业公章及法定代表人签字，但无项目负责人印章；

(5) E参加了两个联合体的投标，两个联合体均提交了有效的联合体共同投标协议；

(6) F的自报工期长于招标文件要求工期的上限；

(7) G的自报工期短于招标文件要求工期的下限；

(8) H的报价个别项目存在漏项；

(9) I的报价中个别处提供了不完整的技术信息；

(10) J提交了内容不一致的两份投标文件，但未声明哪一份有效；

(11) M报价构成中，基础工程的合计明显高于其他投标人，而装饰工程的合计明显低于其他投标人，尽管招标文件对此没有明确规定废标，但评标委员会认定M使用了不平衡报价法；

(12) N的报价大写大、小写小，经评标委员会校核，N已签字确认；

(13) O的报价中单价与合计不一致，经校核单价小数点错位；

(14) P除提供的检验标准不符合要求外，其他均响应招标文件的实质性要求；

(15) Q的资质升级导致与资格预审时不一致。

经评标委员会初步评审和详细评审，最终确定A中标，中标通知书发出后，招标人与A公司进行了合同谈判，希望A适当压缩工期并适当让利。协商结果是不压缩工期，但让利3%。

问题：

1. 分析上述投标文件是否有效，并对无效投标文件说明原因。

2.《招标投标法》对中标的投标文件应满足的条件做了哪些规定？

3. 招标人与中标人签订合同时，《招标投标法》做了哪些规定？

4. 依据《招标投标法》的规定，该工程的签约合同价为多少？

答案：

1.（本小题11.0分）

(1) 有效； (0.5分)

(2) 原投标文件有效，开标时提交的补充说明无效，因为在投标截止时间后不能修改投标文件； (1.0分)

(3) 无效，因为投标保函有效期应超过投标有效期至少 30 天；（1.0 分）

(4) 有效；（0.5 分）

(5) 无效，因为 E 投标人只能参加一个联合体投标或单独投标；（1.0 分）

(6) 无效，因为自报工期长于招标文件要求工期的上限属于重大偏差；（1.0 分）

(7) 无效，因为自报工期短于招标文件要求工期的下限属于重大偏差；（1.0 分）

(8) 有效；（0.5 分）

(9) 有效；（0.5 分）

(10) 无效，因为一个投标人只能提交一份有效的投标文件；（1.0 分）

(11) 有效；（0.5 分）

(12) 有效；（0.5 分）

(13) 有效；（0.5 分）

(14) 无效，因为检验标准不符合招标文件要求属于重大偏差；（1.0 分）

(15) 有效。（0.5 分）

2.（本小题 4.0 分）

中标人的投标文件应当满足下列条件之一：

(1) 最大限度满足招标文件中规定的各项综合评价标准；（2.0 分）

(2) 满足招标文件实质性要求，经评审的投标报价最低，但低于成本的除外。（2.0 分）

3.（本小题 3.0 分）

招标人与中标人在中标通知书发出后的 30 日内（1.0 分），按照招标文件和中标人的投标文件签订合同（1.0 分）；不得另行订立背离合同实质内容的其他协议（1.0 分）。

4.（本小题 2.0 分）

签约合同价为 A 的报价：8000 万元。（2.0 分）

案 例 五

背景资料：

某省重点工程项目计划于 2004 年 12 月 28 日开工，由于工程复杂，技术难度高，一般施工队伍难以胜任，业主自行决定采取邀请招标方式。于 2004 年 9 月 8 日向通过资格预审的 A、B、C、D、E 五家施工承包企业发出了投标邀请书。该五家企业均接受了邀请，并于规定时间 9 月 20～22 日购买了招标文件。招标文件中规定，10 月 18 日下午 4 时是招标文件规定的投标截止时间，11 月 10 日发出中标通知书。

在投标截止时间之前，A、B、D、E 四家企业提交了投标文件，但 C 企业于 10 月 18 日下午 5 时才送达，原因是中途堵车。10 月 21 日下午由当地招标投标监督管理办公室主持进行了公开开标。

评标委员会成员共有 7 人组成，其中当地招标投标监督管理办公室 1 人、公证处 1 人、招标人 1 人、技术经济方面专家 4 人。评标时发现 E 企业投标文件虽无法定代表人签字和委托人授权书，但投标文件均已有项目经理签字并加盖了单位公章。评标委员会于 10 月 28 日提出了书面评标报告。B、A 企业分列综合得分第一名、第二名。由于 B 企业投标报价高于 A 企业，11 月 10 日招标人向 A 企业发出了中标通知书，并于 12 月 12 日签订了书面合同。

问题：

1.业主自行决定采取邀请招标方式的做法是否妥当？说明理由。

2.C企业和E企业投标文件是否有效？分别说明理由。

3.请指出开标工作的不妥之处，说明理由。

4.请指出评标委员会成员组成的不妥之处，说明理由。

5.招标人确定A企业为中标人是否违规？说明理由。

6.合同签订的日期是否违规？说明理由。

答案：

1.（本小题2.0分）

不妥当；（1.0分）

理由：根据相关法规规定：省重点工程项目应当公开招标，如因工程复杂、技术难度高，经有关主管部门批准后，方可进行邀请招标。（1.0分）

2.（本小题4.0分）

（1）C企业投标文件无效；（1.0分）

理由：根据相关法规规定：任何投标文件均应在投标截止时间前提交给招标人，逾期送到的投标文件，招标人应当拒收。（1.0分）

（2）E企业投标文件无效；（1.0分）

理由：根据相关法规规定：任何投标文件均应由企业法定代表人签字并加盖公章，如委托代理人办理投标事宜，应有委托授权书原件。（1.0分）

3.（本小题4.0分）

（1）“10月21日下午进行了公开开标”不妥；（1.0分）

理由：根据相关法规规定：在投标截止时间的同一时间举行开标会议。招标文件中规定，10月18日下午4时是招标文件规定的投标截止时间，应在该时间开标。（1.0分）

（2）“由当地招标投标监督管理办公室主持进行了公开开标”不妥；（1.0分）

理由：根据相关法规规定：应由招标人或招标代理机构主持开标会议。（1.0分）

4.（本小题6.0分）

（1）“当地招标投标监督管理办公室1人”不妥；（1.0分）

理由：根据相关法规规定：评标委员会成员由招标人代表和技术、经济专家组成，政府工作人员不能作为评标委员会成员。（1.0分）

（2）“公证处1人”不妥；（1.0分）

理由：根据相关法规规定：评标委员会成员由招标人代表和技术、经济专家组成，公证处的人员不能作为评标委员会成员。（1.0分）

（3）“技术经济方面专家4人”不妥；（1.0分）

理由：根据相关法规规定：评标委员会成员组成中技术、经济专家不得少于成员总数的2/3。评标委员会成员共有7人组成：7×2/3=5人。

5.（本小题2.0分）

招标人确定A企业为中标人是违规的；（1.0分）

理由：根据相关法规规定：招标人应确定排名第一的B企业为中标人。（1.0分）

6.（本小题 2.0 分）

合同签订的日期是违规的；（1.0 分）

理由：根据相关法规规定：招标人发出中标通知书后的 30 日内，依据招标文件和中标人的投标文件与投标人签订书面合同。（1.0 分）

案 例 六

背景资料：

某工程项目难度较大，技术含量较高，经有关招标投标主管部门批准采用邀请招标方式招标。业主于 2001 年 1 月 20 日向符合资质要求的 A、B、C 三家承包商发出投标邀请书，A、B、C 三家承包商均按招标文件的要求提交了投标文件，最终确定 B 承包商中标，并于 2001 年 4 月 30 日向 B 承包商发出了中标通知书。之后由于工期紧，业主口头指令 B 承包商先做开工准备，再签订工程承包合同。B 承包商按照业主要求进行了施工场地平整等一系列准备工作，但业主迟迟不同意签订工程承包合同。2001 年 6 月 1 日，业主又书面函告 B 承包商，称双方尚未签订合同，将另行确定他人承担本项目施工任务。B 承包商拒绝了业主的决定。

问题：

1. 指出本案例招标投标过程中哪些文件属于要约邀请、要约和承诺？

2. 业主迟迟不与 B 承包商签订合同，是否符合《招标投标法》的规定？说明理由。

3. 在业主以尚未签订合同为由另行确定他人承担本项目施工任务时，B 承包商可采取哪些保护自身合法权益的措施？

答案：

1.（本小题 6.0 分）

（1）要约邀请：业主发出的投标邀请书；（2.0 分）

（2）要约：投标人提交的投标文件；（2.0 分）

（3）承诺：业主发出的中标通知书。（2.0 分）

2.（本小题 3.0 分）

不符合《招标投标法》的规定；（1.0 分）

因为《招标投标法》规定：业主发出了中标通知书后的 30 日内，应当与中标人依据招标文件和中标人的投标文件签订书面合同。（2.0 分）

3.（本小题 8.0 分）

（1）与业主协商，继续要求签订合同；（2.0 分）

（2）请第三方调解，继续要求签订合同；（2.0 分）

（3）向招标监督管理机构投诉；（2.0 分）

（4）向法院起诉。（2.0 分）

案 例 七

背景资料：

某大型工程，由于技术特别复杂，对施工单位的施工设备和同类工程的施工经验要求较高，经省有关部门批准后决定采取邀请招标方式。招标人于 2007 年 3 月 8 日向通过资格预审的A、B、C、D、E五家施工承包企业发出了投标邀请书，五家企业接受了邀请并于规定时间内购买了招标文件。招标文件规定：2007年4月20日下午4时为投标截止时间，5月10日发出中标通知书。

在4月20日上午A、B、D、E四家企业提交了投标文件，但C企业于4月20日下午5时才送达。4月23日由当地投标监督办公室主持进行了公开开标。

评标委员会共有7人组成，其中当地招标办公室1人，公证处1人，招标人1人，技术经济专家4人。评标时发现B企业投标文件有项目经理签字并盖了公章，但无法定代表人签字和授权委托书；D企业投标报价的大写金额与小写金额不一致；E企业对某分项工程报价有漏项。招标人于5月10日向A企业发出了中标通知书，双方于6月12日签订了书面合同。

问题：

1.该项目采取的招标方式是否妥当？说明理由。

2.分别指出对B企业、C企业、D企业和E企业投标文件应如何处理？并说明理由。

3.指出开标工作的不妥之处，并说明理由。

4.指出评标委员会人员组成的不妥之处。

5.指出招标人与中标企业6月12日签订合同是否妥当，并说明理由。

答案：

1.(本小题4.0分)

妥当； (2.0分)

理由：该工程采用邀请招标方式，已经请有关部门审查批准。 (2.0分)

2.(本小题8.0分)

(1) 对B企业投标文件应作废标处理； (1.0分)

理由：根据相关法规规定，投标文件应由企业法定代表人签字并加盖公章；如果法定代表人委托代理人投标，必须有委托授权书原件。 (1.0分)

(2) 对C企业投标文件应作废标处理； (1.0分)

理由：根据相关法规规定，投标截止时间后送达的投标文件，招标人拒收。 (1.0分)

(3) D企业投标文件有效； (1.0分)

理由：根据相关法规规定，投标报价的大写金额与小写金额不一致，以大写为准，但评标委员会应及时要求D投标人签字确认。 (1.0分)

(4) E企业投标文件有效； (1.0分)

理由：根据相关法规规定，个别分项工程报价有漏项的属于细微偏差，不影响投标文件的有效性。 (1.0分)

3.(本小题8.0分)

(1)“4月23日进行了公开开标”不妥； (2.0分)

理由：根据相关法规规定，开标时间应为投标截止时间的同一时间。 (2.0分)

(2)“由当地投标监督办公室主持进行了公开开标”不妥； (2.0分)

理由：根据相关法规规定，开标应由招标人或招标代理机构主持。 (2.0分)

4.(本小题6.0分)

(1)“当地招标办公室1人”不妥； (1.0分)

理由：根据相关法规规定，评标委员会成员由招标人代表和技术、经济专家组成，政府工作人员不能作为评标委员会成员。（1.0分）

（2）“公证处1人”不妥；（1.0分）

理由：根据相关法规规定，评标委员会成员由招标人代表和技术、经济专家组成，公证处的人员不能作为评标委员会成员。（1.0分）

（3）“技术经济方面专家4人”不妥；（1.0分）

理由：根据相关法规规定，评标委员会成员组成中技术、经济专家不得少于成员总数的2/3。评标委员会成员共有7人组成：7×2/3=5人。（1.0分）

5.（本小题4.0分）

不妥当；（2.0分）

理由：根据相关法规规定，招标人发出中标通知书后的30日内，依据招标文件和中标人的投标文件与投标人签订书面合同。（2.0分）

案 例 八

背景材料：

某水利水电工程项目采取公开招标方式招标，招标人依据《水利水电工程标准施工招标文件》（2009年版）编制招标文件。招标文件明确：承包人应具有相应资质和业绩要求，具有AA及以上的信用等级；投标有效期为60天；投标保证金为50万元整。

该项目招标投标及实施过程中发生如下事件：

事件1：A投标人在规定的时间内，就招标文件设定信用等级作为资格审查条件，向招标人提出书面异议。

事件2：该项目因故需要暂停评标，招标人以书面形式通知所有投标人延长投标有效期至90天。B投标人同意延长投标有效期，但同时要求局部修改其投标文件，否则拒绝延长。

事件3：C投标人提交全部投标文件后发现报价有重大失误，在投标截止时间前，向招标人递交了书面文件，要求撤回投标文件，放弃本次投标。

事件4：投标人D中标并与发包人签订施工总承包合同，根据合同约定，总承包人D把土方工程分包给具有相应资质的分包人E，并与之签订分包合同，且口头通知发包人。分包人E按照规定设立项目管理机构，其中，项目负责人、质量管理人员等均为本单位人员。

事件5：监理工程师检查时发现局部土方填筑压实度不满足设计要求，立即向分包人E下达了书面整改通知。分包人E整改后向监理机构提交了回复单。

问题：

1.针对事件1，招标人应当如何处理？

2.针对事件2，B投标人提出修改其投标文件的要求是否妥当？说明理由。招标人应如何处理该事件？

3.事件3中，招标人应如何处理C投标人撤回投标文件的要求？

4.指出并改正事件4中的不妥之处，分包人E设立的项目管理机构中，还有哪些人员必须是本单位人员？

5.指出并改正事件5中的不妥之处。

答案：

1.（本小题2.0分）

招标人应当在收到异议之日起3日内作出答复（1.0分）；作出答复前，应当暂停招标投标活动（1.0分）。

2.（本小题6.0分）

B投标人提出修改其投标文件的要求不妥当。（1.0分）

理由：同意延长投标有效期的投标人应当相应延长其投标担保的有效期，但不得修改投标文件的实质性内容。（2.0分）

招标人对该事件应做如下处理：拒绝延长投标有效期的投标人有权收回投标保证金。同意延长投标有效期的投标人应当相应延长其投标担保的有效期，但不得修改投标文件的实质性内容。因延长投标有效期造成投标人损失的，招标人应当给予补偿，但因不可抗力需延长投标有效期的除外。（3.0分）

3.（本小题3.0分）

招标人应同意C投标人撤回投标文件的要求（1.0分）。招标人已收取投标保证金的，应当自收到投标人书面撤回通知之日起5日内退还（2.0分）。

4.（本小题5.0分）

不妥之处：分包口头通知发包人。（1.0分）

改正：承包人应在分包合同签订后7个工作日内，送发包人备案。（1.0分）

本单位人员还应包括：技术负责人、财务负责人、安全管理人员等。（3.0分）

5.（本小题4.0分）

不妥之处1：监理工程师向分包人E下达书面整改通知。（1.0分）

改正：监理工程师向总承包人下达书面整改通知，总承包人再通知分包人整改。（1.0分）

不妥之处2：分包人E整改后向监理机构提交了回复单。（1.0分）

改正：分包人E整改后向总承包人提交回复单，总承包人再提交给监理机构。（1.0分）

第五章　合同管理

<table>
<tr><td rowspan="33">核心考点</td><td rowspan="2">合同构成</td><td>文本构成</td></tr>
<tr><td>合同的文件构成及解释顺序</td></tr>
<tr><td>发包人义务和责任</td><td>付款、办证、提供、组织</td></tr>
<tr><td rowspan="5">监理人义务和责任</td><td>签发(经发包人批准)</td></tr>
<tr><td>审查承包人提交的书面文件</td></tr>
<tr><td>施工过程中随时检查</td></tr>
<tr><td>验收</td></tr>
<tr><td>协调矛盾,力求一致</td></tr>
<tr><td rowspan="3">承包人义务和责任</td><td>总包合同对承包人的规定</td></tr>
<tr><td>专业分包合同对承包人的规定</td></tr>
<tr><td>劳务分包合同对承包人的规定</td></tr>
<tr><td rowspan="4">专业分包人义务和责任</td><td>完成相关任务</td></tr>
<tr><td>编制相关文件</td></tr>
<tr><td>采取措施</td></tr>
<tr><td>检查</td></tr>
<tr><td>劳务分包人义务和责任</td><td>完成施工任务、编制计划、班组自检</td></tr>
<tr><td>工程分包</td><td>分包的原则、违法分包、分包的四权、连带责任、转包</td></tr>
<tr><td>材料的质量责任</td><td>甲供材料、自行采购</td></tr>
<tr><td>隐蔽验收的质量责任</td><td>验收程序、重新检验</td></tr>
<tr><td>工程试车的质量责任</td><td>组织主体、责任承担</td></tr>
<tr><td rowspan="4">工程变更</td><td>变更的范围</td></tr>
<tr><td>变更权利</td></tr>
<tr><td>变更价款的确定程序</td></tr>
<tr><td>变更价款的确定</td></tr>
<tr><td rowspan="3">三类事件</td><td>地下化石、文物</td></tr>
<tr><td>不利的物质条件</td></tr>
<tr><td>异常恶劣的气候条件</td></tr>
<tr><td>不可抗力</td><td>不可抗力认定标准、责任承担、不可抗力导致合同解除</td></tr>
<tr><td rowspan="3">综合索赔</td><td>索赔成立的条件</td></tr>
<tr><td>索赔的程序</td></tr>
<tr><td>索赔的分类计算</td></tr>
<tr><td colspan="3">经典考题</td></tr>
</table>

第一节　合同管理核心考点

考点一：合同构成

一、文本构成

住房和城乡建设部与国家工商总局发布的《建设工程施工合同（示范文本）》（GF—2017—0201）由《合同协议书》《通用条款》《专用条款》三部分组成，并附有三个附件：《承包人承揽工程项目一览表》《发包人供应材料设备一览表》《工程质量保修书》。

二、合同的文件构成及解释顺序

1.协议书；

2.中标通知书（如果有）；

3.投标函及其附录（如果有）；

4.专用合同条款及其附件；

5.通用合同条款；

6.技术标准和要求；

7.图纸；

8.已标价工程量清单或预算书；

9.其他合同文件。

上述各项合同文件包括合同当事人就该项合同文件所作出的补充和修改，属于同一类内容的文件，应以最新签署的为准。在合同订立及履行过程中形成的与合同有关的文件均构成合同文件组成部分，并根据其性质确定优先解释顺序。

考点二：发包人义务和责任

1.付款

（1）承担由此增加的费用；（2）延误的工期应顺延；（3）支付承包人合理的利润；（4）按央行贷款利率支付利息（索赔款的利息包括：1）拖期付款的利息；2）由于工程变更和工程延期增加投资的利息；3）索赔款的利息；4）错误扣款的利息。具体采用的利率有下列几种：1）按当时的银行贷款利率；2）按当时银行透支利率；3）按合同双方协议的利率；4）按中央银行贴现率加三个百分点）。

2.办证

（1）用地规划许可证；

（2）工程规划许可证；

（3）工程施工许可证（之前办理质量监督手续）；

（4）审批手续：临时水电占地中断道路。

3.提供

（1）施工场地；（2）施工条件（三通一平）；（3）地下基础资料；（4）周边基础资料；（5）工程测量定位；（6）设计图纸；（7）标准规范；（8）资金证明；（9）支付担保。

4.组织

前：（1）图纸会审；（2）设计交底。

中：检查隐蔽。

后：（1）竣工验收；（2）联动试车。

考点三：监理人义务和责任

1.签发（经发包人批准）

（1）开工令；（2）停工令；（3）复工令；（4）变更指令。

2.审查承包人提交的书面文件

（1）前：施工组织设计、专项施工方案、施工进度计划；

（2）中：关于进度、质量、进度款的报告和报表；

（3）后：工程竣工申请报告、竣工结算申请报告。

3.施工过程中随时检查

（1）人；（2）材；（3）机；（4）法；（5）环；（6）施工质量；（7）安全；（8）进度。但不能影响施工方正常施工，否则赔费用、工期、利润。

4.验收

（1）隐蔽工程；（2）检验批；（3）分项工程；（4）分部工程；（5）单位工程预验收。

5.协调矛盾，力求一致

总监审慎公正做出决定，没有异议，则执行；有异议，按合同约定的争议条款解释。

考点四：承包人义务和责任

一、总包合同对承包人的规定

1.完成

（1）按质、量、期完成施工任务。

（2）承担缺陷责任期修复责任。

（3）履行保修义务：

1）基础设施工程、房屋建筑的地基基础工程和主体结构工程，为设计文件规定的该工程的合理使用年限；

2）屋面防水工程、有防水要求的卫生间、房间和外墙面的防渗漏，为5年；

3）供热与供冷系统，为2个供暖期、供冷期；

4）电气管线、给水排水管道、设备安装和装修工程，为2年。

2.编制

前：施工组织设计、专项技术方案、施工进度计划；

中：关于进度、质量、进度款的报告和报表；

后：工程竣工申请报告、竣工结算申请报告。

3.采取措施

（1）质量；（2）安全；（3）环保；（4）进度；（5）文明施工。

4.检查

（1）工序三检：自检、互检、专检；

（2）隐蔽工程、检验批、分项工程、分部工程、单位工程。

二、专业分包合同对承包人的规定

1.付款

（1）承担由此增加的费用；（2）延误的工期应顺延；（3）支付承包人合理的利润；（4）按央行贷款利率支付利息。

2.办证

（1）用地规划许可证；（2）工程规划许可证；（3）工程施工许可证；（4）审批手续：临时水电占地中断道路。

3.提供

（1）施工场地；（2）施工条件（三通一平）；（3）地下基础资料；（4）周边基础资料；（5）工程测量定位；（6）设计图纸；（7）标准规范；（8）资金证明；（9）支付担保。

4.组织

开工前：承包人组织分包人参加发包人组织的图纸会审，总包负责设计交底。

5.签转

（1）开工令；（2）停工令；（3）复工令；（4）变更指令。

6.审查分包人提交的书面文件

前：施工组织设计、专项技术方案、施工进度计划；

中：关于进度、质量、进度款的报告和报表；

后：工程竣工申请报告、竣工结算申请报告。

7.施工过程中随时检查

（1）人；（2）材；（3）机；（4）法；（5）环；（6）施工质量；（7）安全；（8）进度。不能影响施工方正常施工，否则赔费用、工期、利润。

8.协调矛盾，力求一致

承包人审慎公正做出决定，没有异议，则执行；有异议，按合同约定的争议条款解释。

三、劳务分包合同对承包人的规定

1.付款

（1）承担由此增加的费用；（2）延误的工期应顺延；（3）支付承包人合理的利润；（4）按央行贷款利率支付利息。

2.提供劳务分包用的临时设施。

3.组织

开工前：承包人组织分包人参加发包人组织的图纸会审，总包负责设计交底。

4.签转

（1）开工令；（2）停工令；（3）复工令；（4）变更指令。

5.审查承包人提交的书面文件，审查劳务分包人编制月旬施工计划和劳动力计划。

6.施工过程中随时检查

（1）人；（2）材；（3）机；（4）法；（5）环；（6）施工质量；（7）安全；（8）进度。但不能影响施工方正常施工，否则赔费用、工期、利润。

7.协调矛盾，力求一致

承包人审慎公正做出决定，没有异议：执行；有异议：争议。

考点五：专业分包人义务和责任

一、完成

1. 按质、量、期完成施工任务。

2. 承担缺陷责任期修复责任。

3. 专业工程的履行保修义务：

（1）基础设施工程、房屋建筑的地基基础工程和主体结构工程，为设计文件规定的该工程的合理使用年限；

（2）屋面防水工程、有防水要求的卫生间、房间和外墙面的防渗漏，为5年；

（3）供热与供冷系统，为两个供暖期、供冷期；

（4）电气管线、给水排水管道、设备安装和装修工程，为2年。

二、编制

前：施工组织设计、专项技术方案、施工进度计划；

中：关于进度、质量、进度款的报告和报表；

后：工程竣工申请报告、竣工结算申请报告。

三、采取措施

（1）质量；（2）安全；（3）环保；（4）进度；（5）文明施工。

四、检查

工序三检：自检、互检、专检；隐蔽工程、检验批、分项工程、分部工程、单位工程。

考点六：劳务分包人义务和责任

1. 完成施工任务；

2. 编制月旬施工计划和劳动力计划；

3. 班组自检。

考点七：工程分包

一、分包的原则

1. 事前合同约定，事后业主批准；

2. 自行完成主体结构（建筑实务含地基基础分部工程），但特殊专业可分包：桩基；

3. 有相应资质；

4. 不能再分包；但专业分包可以再劳务分包；专业分包不可再专业分包；劳务分包不能再分包。

二、违法分包

1. 擅自分包；

2. 主体分包（含地基基础分部工程）；

3. 资质不合格；

4. 分包工程再分包。

三、分包的四权

1. 分包工程的审批权——发包人；

2. 分包单位的选择权——总包人（承包人）；
3. 分包单位的确认权——监理人或发包人；
4. 分包单位的管理权——总包人。
分包单位与发包人、监理人不可有工作关系。

四、连带责任

1. 工程分包不解除总包人的任何合同责任和义务；
2. 总包人对工程质量、安全负总责；
3. 总包人与分包人对分包工程的质量、安全承担连带责任；
4. 分包人不服从总包人管理而发生事故，分包人承担主要责任。

五、转包

承包人将承包到手的工程全部转给他人或肢解后全部分包出去。
1. 允许
（1）整个工程发包；
（2）单位工程发包、分包；
（3）特殊分部、分项工程发包、分包。
2. 不允许转包和肢解发包
（1）不管不干——退出：工程全部转给他人；
（2）只管不干——未退出：肢解后全部分包出去；
（3）一般的分部、分项工程发包属于肢解后发包。

考点八：材料的质量责任

一、甲供材料

1. 提供产品合格证、出厂检验报告；
2. 到货 24 小时前通知承包人清点，发包人承担保管费，但已标价清单包含的除外；
3. 承包人负责检验，检验费由发包人承担；
4. 不合格的不得使用。

二、自行采购

1. 提供产品合格证、出厂检验报告；
2. 到货 24 小时前通知监理人检验；
3. 未经检验不得使用；
4. 不符合要求，运出施工现场，重新采购，增加的费用和延误的工期由承包人承担。

考点九：隐蔽验收的质量责任

一、验收程序

1. 承包人首先应自检；
2. 自检合格，48 小时向监理人提交《隐蔽工程报验单》并附相关质量证明材料；
3. 监理人审查资料合格后，到现场检查实体；
4. 审查和检查均合格，专监签字，承包人方可进行下道工序；
5. 如审查或检查不合格，承包人应按监理人要求整改、自检合格后重新报验。

二、重新检验

1.无论监理人是否组织过验收，当要求重新检验时，承包人应按要求钻孔探测并覆盖。

2.如重新检验合格，费用、工期、利润由发包人承担。

3.如重新检验不合格，费用、工期、利润由承包人承担；承包人按监理人要求整改，自检合格后，重新报验。

4.如私自隐蔽，监理人应要求承包人钻孔探测，不论是否合格，由此增加的费用由承包人承担，延误工期不予顺延；如不合格，承包人应按监理人要求整改，自检合格，重新报验。

考点十：工程试车的质量责任

一、组织主体

1.单机无负荷试车：承包人，48 小时前通知监理人；

2.联动无负荷试车：发包人，48 小时前通知承包人；

3.联动有负荷试车（投料试车）：发包人，竣工验收后，如果竣工验收前或需承包人配合，应另行签订补充协议。

二、责任承担

1.设计原因未通过——发包人；

2.设备制造原因未通过——采购方；

3.设备安装原因未通过——承包人。

考点十一：工程变更

一、变更的范围

1.增加或减少合同中任何工作，或追加额外的工作；

2.取消合同中任何工作，但转由他人实施的工作除外；

3.改变合同中任何工作的质量标准或其他特性；

4.改变工程的基线、标高、位置和尺寸；

5.改变工程的时间安排或实施顺序。

二、变更权利

1.审批权——发包人；

2.签发权——监理人；

3.设计权——设计人；

4.超越权——政府原审批部门。

三、变更价款的确定程序

1.承包人应在收到变更指示后 14 天内，向监理人提交变更估价申请；

2.监理人应在收到承包人提交的变更估价申请后 7 天内审查完毕并报送发包人，监理人对变更估价申请有异议，通知承包人修改后重新提交；

3.发包人应在承包人提交变更估价申请后 14 天内审批完毕；发包人逾期未完成审批或未提出异议的，视为认可承包人提交的变更估价申请；

4.因变更引起的价格调整应计入最近一期的进度款中支付。

四、变更价款的确定

1.已标价工程量清单或预算书有相同项目的，按照相同项目单价认定；

2.已标价工程量清单或预算书中无相同项目，但有类似项目的，参照类似项目的单价认定；

3.变更导致实际完成的变更工程量与已标价工程量清单或预算书中列明的该项目工程量的变化幅度超过15%的，或已标价工程量清单或预算书中无相同项目及类似项目单价的，按照合理的成本与利润构成的原则，由合同当事人确定变更工作的单价。

考点十二：三类事件

一、地下化石、文物

施工中，承包人发现地下化石和文物，承包人应立即报告发包人和监理人，并采取保护措施，由此增加的费用和（或）延误的工期由发包人承担。

赔两笔钱：

1.如果现场窝工：给人工窝工费、机械窝工费、材料超期储存费，不取管理费和利润，取规费和税金。

2.采取保护措施，给增加措施的费用，取管理费、规费、税金，不给利润。

二、不利的物质条件

有经验的承包人在施工现场遇到的不可预见的自然物质条件、非自然的物质障碍和污染物，包括地表以下物质条件和水文条件，但不包括气候条件。承包人应采取克服措施继续施工，并及时通知发包人和监理人，承包人因采取合理措施而增加的费用和（或）延误的工期由发包人承担。

赔两笔钱：

1.如果现场窝工：给人工窝工费、机械窝工费、材料超期储存费，不取管理费和利润，取规费和税金。

2.采取保护措施，给增加措施的费用，取管理费、规费、税金，不给利润。

三、异常恶劣的气候条件

承包人不能合理预见的客观的风、雨、雪、雹。承包人应采取克服措施继续施工，并及时通知发包人和监理人，承包人因采取合理措施而增加的费用和（或）延误的工期由发包人承担。

赔一笔钱：

1.如果现场窝工：不给人工窝工费、机械窝工费、材料超期储存费，不取管理费和利润，不取规费和税金。

2.采取保护措施，给增加措施的费用，取管理费、规费、税金，不给利润。

考点十三：不可抗力

一、不可抗力认定标准

不可抗力是指合同当事人在签订合同时不可预见，在合同履行过程中不可避免且不能克服的自然灾害和社会性突发事件，如地震、海啸、瘟疫、骚乱、戒严、暴动、战争和专用合同条款中约定的其他情形。

二、责任承担

《建设工程施工合同（示范文本）》GF—2017—0201规定：

不可抗力导致的人员伤亡、财产损失、费用增加和（或）工期延误等后果，由合同当事人按以下原则承担：

1.永久工程、已运至施工现场的材料和工程设备的损坏，以及因工程损坏造成的第三人人员伤亡和财产损失由发包人承担；

2.承包人施工设备的损坏由承包人承担；

3.发包人和承包人承担各自人员伤亡和财产的损失；

4.因不可抗力影响承包人履行合同约定的义务，已经引起或将引起工期延误的，应当顺延工期，由此导致承包人停工的费用损失由发包人和承包人合理分担，停工期间必须支付的工人工资由发包人承担；

5.因不可抗力引起或将引起工期延误，发包人要求赶工的，由此增加的赶工费用由发包人承担；

6.承包人在停工期间按照发包人要求照管、清理和修复工程的费用由发包人承担。

《建设工程工程量清单计价规范》GB 50500—2013规定：

因不可抗力事件导致的费用，发、承包双方应按以下原则分别承担并调整工程价款：

1.工程本身的损害、因工程损害导致第三方人员伤亡和财产损失以及运至施工场地用于施工的材料和待安装的设备的损害，由发包人承担；

2.发包人、承包人人员伤亡由其所在单位负责，并承担相应费用；

3.承包人的施工机械设备损坏及停工损失，由承包人承担；

4.停工期间，承包人应发包人要求留在施工场地的必要的管理人员及保卫人员的费用由发包人承担；

5.工程所需清理、修复费用，由发包人承担；

临时设施、脚手架、模板的损坏，应区分监理工程师和建造师考试，其答案相反，建造师考试的标准答案中认为这些损失属于工程所需清理、修复费用，由业主承担；而监理工程师考试的标准答案中认为这些损失属于施工机械设备的损失，由施工方承担。

三、不可抗力导致合同解除

1.合同解除前承包人已完成工作的价款；

2.承包人为工程订购的并已交付给承包人，或承包人有责任接受交付的材料、工程设备和其他物品的价款；

3.发包人要求承包人退货或解除订货合同而产生的费用，或因不能退货或解除合同而产生的损失；

4.承包人撤离施工现场以及遣散承包人人员的费用；

5.按照合同约定在合同解除前应支付给承包人的其他款项；

6.扣减承包人按照合同约定应向发包人支付的款项；

7.双方商定或确定的其他款项。

除专用合同条款另有约定外，合同解除后，发包人应在商定或确定上述款项后28天内完成上述款项的支付。

考点十四：综合索赔

一、索赔成立的条件

索赔的成立，应该同时具备三个前提条件：

1.与合同对照，事件已造成了承包人工程项目成本的额外支出，或直接工期损失；

2.造成费用增加或工期损失的原因，按合同约定不属于承包人的行为责任或风险责任；

3.承包人按合同规定的程序和时间提交索赔意向通知和索赔报告。

二、索赔的程序

1.承包人应在知道或应当知道索赔事件发生后28天内，向监理人递交索赔意向通知书，并说明发生索赔事件的事由；承包人未在前述28天内发出索赔意向通知书的，丧失要求追加付款和（或）延长工期的权利。

2.承包人应在发出索赔意向通知书后28天内，向监理人正式递交索赔报告；索赔报告应详细说明索赔理由以及要求追加的付款金额和（或）延长的工期，并附必要的记录和证明材料。

3.索赔事件具有持续影响的，承包人应按合理时间间隔继续递交延续索赔通知，说明持续影响的实际情况和记录，列出累计的追加付款金额和（或）工期延长天数。

4.在索赔事件影响结束后28天内，承包人应向监理人递交最终索赔报告，说明最终要求索赔的追加付款金额和（或）延长的工期，并附必要的记录和证明材料。

5.索赔款与进度款同期支付。

三、索赔的分类计算

1.工期索赔（见网络计划）

2.费用索赔（见表5.1.1）

表5.1.1

索赔原因	是否有权提出索赔	赔偿方法（考试计算以背景为准）
施工方原因	无	—
业主方原因	有	工程量增加的赔：人工费、材料费、机具费、管理费、利润、规费、税金
		工程暂停的赔：人工窝工费、材料只给超期储存费（库存保管费），机械给窝工费，区分自有和租赁两种。不给管理费和利润，给规费和税金
不可抗力原因	合理分担	—

第二节　合同管理经典考题

案　例　一

【2018建筑（四）】

背景资料：

某开发商拟建一城市综合体项目，预计总投资15亿元。发包方式采用施工总承包，施工单位承担部分垫资，按月度实际完成工作量的75%支付工程款，工程质量为合格，保修金为3%，合同总工期为32个月。

某总包单位对该开发商社会信誉、偿债备付率、利息备付率等偿债能力及其他情况进行了尽职调查。中标后，双方依据《建设工程工程量清单计价规范》GB 50500—2013，对工程量清单编制方法等强制性规定进行了确认，对工程造价进行了全面审核。最终确定有关费用如下：分部分项工程费 82000.00 万元，措施费 20500.00 万元，其他项目费 12800.00 万元，暂列金额 8200.00 万元，规费 2470.00 万元，税金 3750.00 万元。双方依据《建设工程施工合同（示范文本）》GF—2017—0201 签订了工程施工总承包合同。

项目部对基坑围护提出了3个方案：A方案成本为8750.00万元，功能系数为0.33；B方案成本为8640.00万元，功能系数为0.35；C方案成本为8525.00万元，功能系数为0.32。最终用价值工程方法确定了实施方案。

竣工结算时，总包单位提出索赔事项如下：

（1）特大暴雨造成停工7天，开发商要求总包单位安排20人留守现场照管工地，发生费用5.60万元。

（2）本工程设计采用了某种新材料，总包单位为此支付给检测单位检验试验费4.60万元，要求开发商承担。

（3）工程主体完工3个月后总包单位为配合开发商自行发包的燃气等专业工程施工，脚手架留置比计划延长2个月拆除，为此要求开发商支付2个月脚手架租赁费68.00万元。

（4）总包单位要求开发商按照银行同期同类贷款利率，支付垫资利息1142.00万元。

问题：

1.偿债能力评价还包括哪些指标？

2.对总包合同实施管理的原则有哪些？

3.计算本工程签约合同价（单位：万元，保留2位小数）。双方在工程量清单计价管理中应遵守的强制性规定还有哪些？

4.列式计算3个基坑围护方案的成本系数、价值系数（保留小数点后3位），并确定选择哪个方案。

5.总包单位提出的索赔是否成立？并说明理由。

答案：

1.（本小题4.0分）

偿债能力评价还包括：借款偿还期（1.0分）、资产负债率（1.0分）、流动比率（1.0分）、速动比率（1.0分）。

2.（本小题6.0分）

对总包合同实施管理的原则有：（1）依法履约原则（1.0分）；（2）诚实信用原则（1.0分）；（3）全面履行原则（1.0分）；（4）协调合作原则（1.0分）；（5）维护权益原则（1.0分）；（6）动态管理原则（1.0分）。

3.（本小题5.0分）

（1）工程签约合同价：合同价＝分部分项工程费＋措施费＋其他项目费＋规费＋税金

＝82000＋20500＋12800＋2470＋3750＝121520.00万元　（2.0分）

(2) 工程量清单计价管理中应遵守的强制性规定：对工程量清单的使用范围、计价方式、竞争费用、风险处理、工程量清单编制方法、工程量计算规则均做出了强制性规定，不得违反。（每项0.5分，共3.0分）

4.（本小题7.0分）

A方案成本系数=8750/(8750+8640+8525)≈0.338（1.0分）

B方案成本系数=8640/(8750+8640+8525)≈0.333（1.0分）

C方案成本系数=8525/(8750+8640+8525)≈0.329（1.0分）

A方案价值系数=0.33/0.338≈0.976（1.0分）

B方案价值系数=0.35/0.333≈1.051（1.0分）

C方案价值系数=0.32/0.329≈0.973（1.0分）

确定选择B方案。（1.0分）

5.（本小题8.0分）

(1) 成立；（1.0分）

理由：特大暴雨属于不可抗力，不可抗力下开发商要求总包单位留守现场照管工地费用由建设单位承担。（1.0分）

(2) 成立；（1.0分）

理由：设计采用了新材料，检测单位检验试验费由建设单位在工程建设其他费用开支，不在建安费内。检验试验费是指施工企业按照有关标准规定，对建筑以及材料、构件和建筑安装物进行一般鉴定、检查所发生的费用，包括自设试验室进行试验所耗用的材料等费用。不包括新结构、新材料的试验费。（1.0分）

(3) 不成立；（1.0分）

理由：总包单位为配合开发商自行发包的燃气等专业工程施工的脚手架费用，属于总承包服务费，在建安费内。（1.0分）

(4) 不成立；（1.0分）

理由：垫资利息合同有规定的，按规定；没有规定的，不考虑垫资利息，试题背景没有约定垫资利息。（1.0分）

案　例　二

【2017建筑（四）部分内容】

背景资料：

某建设单位投资兴建一办公楼，投资概算25000万元，建筑面积21000m^2；钢筋混凝土框架-剪力墙结构，地下2层，层高4.5m，地上18层，层高3.6m。采取工程总承包交钥匙方式对外公开招标，招标范围为工程至交付使用全过程。经公开招标投标，A工程总承包单位中标。A单位对工程施工等工程内容进行了招标。

B施工单位中标了本工程施工标段，中标价为18060万元。部分费用如下：安全文明施工费340万元，其中按照施工计划，2014年度安全文明施工费为226万元；夜间施工增加费22万元；特殊地区施工增加费36万元；大型机械进出场及安拆费86万元；脚手架费用220万元；模板费用105万元；施工总包管理费54万元；暂列金额300万元。

B施工单位中标后第8天，双方签订了项目工程施工承包合同，规定了双方的权利、义务和责任。部分条款如下：工程质量为合格；除钢材及混凝土材料价格浮动超出±10%（含10%）、工程设计变更允许调整以外，其他一律不允许调整；工程预付款比例为10%；合同工期为485日历天，于2014年2月1日起至2015年5月31日止。

A工程总承包单位审查结算资料时，发现B施工单位提供的部分索赔资料不完整，如：原图纸设计室外回填土为2∶8灰土，实际施工时变更为级配砂石，B施工单位仅仅提供了一份设计变更单，要求B施工单位补充相关资料。

问题：

1. A工程总承包单位与B施工单位签订的施工承包合同属于哪类合同？列式计算措施项目费、预付款各为多少万元？

2. 与B施工单位签订的工程施工承包合同中，A工程总承包单位应承担哪些主要义务？

3. A工程总承包单位的费用变更控制程序有哪些？B施工单位还需补充哪些索赔资料？

答案：

1.（本小题9.0分）

（1）A工程总承包单位与B施工单位签订的施工承包合同属于固定总价合同。（2.0分）

（2）措施项目费＝340＋22＋36＋86＋220＋105＝809万元；（3.0分）

预付款＝（18060－300）×10%＝17760×10%＝1776万元；（2.0分）

安全文明施工费预付＝226×60%＝135.6万元。（2.0分）

2.（本小题7.0分，每项1.0分）

A工程总承包单位应承担主要义务：

（1）向分包人提供与分包工程相关的各种证件、批件和各种相关资料；

（2）向分包人提供具备施工条件的施工场地；

（3）组织分包人参加发包人组织的图纸会审，向分包人进行设计图纸交底；

（4）提供合同专用条款中约定的设备和设施，并承担因此发生的费用；

（5）随时为分包人提供确保分包工程的施工所要求的施工场地和通道等，满足施工运输的需要，保证施工期间的畅通；

（6）负责整个施工场地的管理工作，协调分包人与同一施工场地的其他分包人之间的交叉配合；

（7）支付分包合同款。

3.（本小题7.0分）

（1）A工程总承包单位的费用变更控制程序有：

1）承包人应在收到变更指示后14天内，向监理人提交变更估价申请；（1.0分）

2）监理人应在收到承包人提交的变更估价申请后7天内审查完毕并报送发包人，监理人对变更估价申请有异议，通知承包人修改后重新提交；（1.0分）

3）发包人应在承包人提交变更估价申请后14天内审批完毕；发包人逾期未完成审批或未提出异议的，视为认可承包人提交的变更估价申请。（1.0分）

（2）B施工单位还需补充的索赔资料：（共4分，每项0.5分）

1）索赔意向书；

2）业主和工程师签发的工程变更指令；

3）经业主或工程师认可的施工单位设计变更的施工方案；

4）工程变更的计量记录及业主和工程师的签字；

5）现场签证；

6）工程变更的计价依据；

7）施工日记及施工记录；

8）工程照片和录像。

案 例 三

【2019 市政（一）部分内容】

背景资料：

甲公司中标某城镇道路工程，设计道路等级为城市主干路，全长 560m，横断面形式为三幅路，机动车道为双向六车道。路面面层结构设计采用沥青混凝土，上面层为厚 40mm SMA-13，中面层为厚 60mm AC-20，下面层为厚 80mm AC-25。

施工过程中发生如下事件：

事件 1：甲公司将路面工程施工项目分包给具有相应施工资质的乙公司施工。建设单位发现后立即制止了甲公司的行为。

问题：

事件 1 中，建设单位制止甲公司的分包行为是否正确？说明理由。

答案：

（本小题 3.0 分）

（1）建设单位的行为正确； （1.0 分）

（2）理由：路面工程是道路施工的主体工程，必须由甲公司自己完成，不得分包。 （2.0 分）

案 例 四

【2017 市政（四）部分内容】

背景资料：

某城市水厂改扩建工程，内容包括多个现有设施改造和新建系列构筑物。新建的一座半地下式混凝沉淀池，池壁高度为 5.5m，设计水深 4.8m，容积为中型水池，钢筋混凝土薄壁结构，混凝土设计强度 C35，防渗等级 P8。池体地下部分处于硬塑状粉质黏土层和黏土层，有少量浅层滞水，无须考虑降水施工。鉴于工程项目结构复杂，不确定因素多。项目部进场后，项目经理主持了设计交底；在现场调研和审图基础上，向设计单位提出多项设计变更申请。

问题：

项目部申请设计变更的程序是否正确？如不正确，给出正确做法。

答案：

（本小题 4.0 分）

（1）不正确； （1.0分）

（2）正确做法：设计变更的程序：施工单位提出设计变更申请，由监理单位审核后报建设单位，建设单位通知设计单位。 （3.0分）

案 例 五

【2017民航（三）部分内容】

背景资料：

某施工单位承担某军民合用机场空管改扩建工程，计划工期从2015年6月1日至10月31日。

事件1：在敷设航向天线阵电缆时，意外损坏了一根射频电缆。监理工程师在事故处理过程中发现，施工单位的施工方案里关于电缆敷设质量的控制要求不明晰，要求施工单位补充并上报审批后方可施工。

事件2：施工期间，七月雨天数共计22天，导致不能正常施工，施工单位向监理单位提供工期索赔22天。

事件3：本工程塔台安装5部甚高频电台，塔台顶上各天线的馈线沿预埋钢管敷设到塔台的甚高频机柜。在调试过程中，发现5部电台之间有互相干扰、串音等现象。

事件4：工程竣工后，施工单位依据监理单位核定的工程（核定工程量见表5.2.1）与第三方审计单位办理竣工结算工作。关于工程计算，合同相关条款规定“①增加工程量15％以内（含）或工程量减少时，按投标单价认定；②增加工程量超过15％时，15％以内部分工程量单价按①认定，超过15％的工程量，按投标单价下浮3％认定”。

表5.2.1

序号	分部分项工程量清单	项目特征	单位	招标工程量	结算工程量	投标单价（元）
1	直埋光缆敷设12芯	略	m	6000.00	6800.00	18.50
2	信号避雷器24V	略	个	120.00	198.00	280.00
3	开放式桥架450×200	略	m	750.00	530.00	480.00

问题：

1.事件2中，施工单位提出的工期索赔是否合理？说明理由。指出应补充哪些材料支持索赔要求？

2.事件4中，计算表5.2.1中各工程量清单项目的工程量增减率以及各项目的计算工程价（写出计算过程，保留小数点后两位）。

答案：

1.（本小题5.0分）

工期索赔不合理。 （1.0分）

因为下雨是正常天气现象，其对施工影响是有经验的承包商可以预计的风险。若要促使索赔成立，应补充下述资料：气象部门异常天气信息记录（如暴雨天气、洪水、超历史纪录连续降雨）；施工日志（停工记录资料并获得监理工程师确认）；索赔单向通知书和索赔报告（含各种附件资料）。 （4.0分）

2.（本小题6.0分）

直埋光缆：（6800－6000）÷6000＝13.3％＜15％，6800×18.5＝125800元 （2.0分）

信号避雷器：（198－120）÷120＝65％＞15％，120×115％×280＋（198－120×115％）×280×（1－3％）＝54936 元（2.0 分）

开放式桥架：结算工程量小于投标工程量，530×480＝254400 元（1.0 分）

结算总价：125800＋54936＋254400＝435136 元。（1.0 分）

案 例 六

【2016 港航（二）部分内容】

背景资料：

某公司承建两个新建码头泊位，长 380m、宽 32m，开工日期为 2015 年 7 月 1 日，总工期为 348 天。码头排架间距为 7m，每榀排架布置 7 根 ϕ1000mmPHC 基桩，包括 3 根直桩及两对斜桩；上部结构为现浇钢筋混凝土横梁、预制纵梁、预制面板和现浇面层。栈桥水域段长 120m、宽 15m，采用 ϕ800mmPHC 管桩和 ϕ1000mm 灌注桩；栈桥陆域段长 80m，采用 ϕ1000mm 灌注桩；上部结构采用现浇钢筋混凝土帽梁、预制预应力空心板和现浇面层。

公司成立项目部实施该项目，项目部编制施工组织设计时依据了设计文件、招标投标文件、公司贯标体系文件以及相关技术规范，规范有《港口工程桩基规范》JTS 167—4—2012)、《港口工程预应力混凝土大直径管桩设计与施工规程》JTJ 261—1997、《水运工程质量检验标准》JTS 257—2008、《水运工程混凝土施工规范》JTS 202—2011 等。在施工组织设计中，将工程划分为码头工程和栈桥工程两个单位工程。

开工前，项目经理组织全体人员学习有关安全方面的标准、规范、法律、法规和文件，如《中华人民共和国安全生产法》（2002 年）、《施工现场临时用电安全技术规范》JGJ 46—2005 等，并向参加施工的工程船舶、水上作业人员、潜水员进行了水上或水下施工技术安全措施交底。

公司对项目部以上工作中存在的错误及时进行了纠正，保证了项目的正常实施。

施工中，因业主动迁拖延，沉桩施工出现中断，故使沉桩工期滞后了 3 个月，项目部因此向业主递交了工期延长的申请及索赔申请。

问题：

1.施工单位申请工期延长是否合理？为什么？

2.写出工程索赔成立的条件。

答案：

1.（本小题 5.0 分）

施工单位申请工期延长是合理的。（2.0 分）

因为沉桩工期滞后了 3 个月是由业主动迁拖延引起，提供场地条件属于发包人责任，不是承包人的责任和承包人应承担的风险责任。（3.0 分）

2.（本小题 6.0 分）

工程索赔成立的条件：

（1）与合同对照，事件已造成了承包人实际的额外费用增加或工期损失；（2.0 分）

（2）造成费用增加或工期损失的原因，根据合同约定不属于承包人的行为责任，也不属于承包人应承担的风险责任；（2.0 分）

(3) 承包人按照合同规定的时间和程序提交了索赔意向通知和索赔报告。 (2.0分)

上述三个条件应同时具备，索赔才能成立。

案 例 七

(综合)

背景资料：

某工程，施工合同履行过程中发生如下事件：

事件1：施工合同约定的开工日期前5天，总监向施工单位签发了《监理工程师通知单》要求开工日期推迟2个月，理由是施工图设计文件不符合国家强制性标准规定，未获得设计审查机构批准。施工单位及时向项目监理机构提出了索赔要求，施工单位的索赔报告中除一般索赔项目外，还强调了两点：(1) 建设单位采购的部分材料已进场，并清点入库；施工单位负责采购的材料已签订购货合同。(2) 按投标文件中编制的进度计划，土方工程在4月中旬开挖、5月中旬完成，因开工日期推迟2个月，土方工程只能在雨季开挖，需增大放坡，并采取系列排水和防雨措施，导致费用大幅度增加，同时土方工程的持续时间预计延长1个月。

事件2：按施工合同约定的开工日期推迟2个月后，因施工许可证尚在办理之中，总监征得建设单位同意，再次书面通知施工单位开工日期推迟7天，施工单位随即提出施工管理人员已到位，租赁的土方机械已进场，不同意再次延期开工。

事件3：土方工程施工过程中，遇到季节性大雨，持续2天，导致基坑坍塌，场内、外主要交通道路被冲毁，大雨过后施工单位及时向项目监理机构提交了索赔报告，其内容如下：

(1) 大雨持续2天，索赔工期2天；人员窝工费2万元，机械损坏修理费3万元，机械窝工费1万元，现场管理增加费0.7万元，合计索赔费用6.7万元。

(2) 基坑坍塌后土方清理费5万元，工期延长2天。

(3) 修复通向施工现场的场外道路2天，增加人工费3万元，机械费1.5万元，材料费4万元。

(4) 修复施工场地内主要交通道路2天，增加人工费3万元，机械费1.5万元，材料费5万元。

以上费用索赔合计29.7万元，工期索赔合计8天。

事件4：土方工程开挖，施工过程中，遇到非季节性特大暴雨，持续2天，导致基坑坍塌，场内外主要交通道路被冲毁，施工单位清理完坍塌土方和修复完道路后及时向项目监理机构提交了索赔报告，其内容如下：

(1) 暴雨持续2天，索赔工期2天；人员窝工费2万元，机械损坏修理费3万元，机械窝工费1万元，现场管理费加费0.7万元，合计索赔费用6.7万元。

(2) 基坑坍塌后土方清理费5万元，工期延长2天。

(3) 修复通向施工现场的场外道路2天，增加人工费3万元，机械费1.5万元，材料费4万元。

(4) 修复施工场内主要交通道路2天，增加人工费3万元，机械1.5万元，材料费5万元。

以上费用索赔合计 29.7 万元，工期索赔合计 8 天。

事件 5：在主体工程某层钢筋混凝土柱子施工过程中，施工单位为赶工期自行决定在夜间边绑扎钢筋边浇筑混凝土，第二天总监在现场巡视检查时发现该层柱子已浇筑完毕，立即向施工单位签发了《工程暂停令》要求剥离，经现场检查合格后，指令施工单位复工，并审查批准了施工单位提出的费用索赔。

问题：

1. 事件 1 中，施工单位提出的索赔要求是否理？说明原因。施工单位提交索赔报告可包括哪些项目的费用索赔？

2. 事件 2 中，总监的做法是否正确？说明原因。对于再次延期开工，施工单位是否有否决权？说明原因。

3. 事件 3 中，逐条指出上述索赔要求是否成立？说明原因。监理工程师批准的索赔总额为多少？

4. 事件 4 中，逐条指出上述索赔要求是否成立？说明原因。监理工程师批准的索赔总额为多少？

5. 事件 5 中，指出总监上述做法的不妥之处，说明原因。

答案：

1.（本小题 7.0 分）

（1）合理，因开工日期推迟 2 个月是建设单位应承担的责任；开工日期推迟 2 个月导致土方工程只能在雨季施工是施工单位不能合理预见的。（2.0 分）

（2）索赔报告可包括：

1）人员窝工费；（0.5 分）

2）机械窝工费（或降效费）；（0.5 分）

3）已到场材料增加的保管费；（0.5 分）

4）已订货材料逾期提货违约金；（0.5 分）

5）增加的管理费；（0.5 分）

6）因增大放坡而增加土方量的费用；（0.5 分）

7）增加的排水和防雨措施费；（0.5 分）

8）因增加土方量而取的适当利润；（0.5 分）

9）因增加上述费用应缴纳的规费；（0.5 分）

10）因增加上述费用应缴纳的税金。（0.5 分）

2.（本小题 4.0 分）

（1）总监的做法正确，因施工许可证尚未获得，不具备开工条件。（2.0 分）

（2）施工单位没有否决权，因施工许可证尚在办理之中，不具备开工条件。（2.0 分）

3.（本小题 6.0 分）

内容（1）不成立，因季节性大雨是施工单位应承担的风险责任。（1.0 分）

内容（2）不成立，因季节性大雨导致基坑坍塌是施工单位应承担的风险责任。（1.0 分）

内容（3）成立，因保证场外道路在施工期间通畅是建设单位的责任。（1.0 分）

内容（4）成立，因保证场内道路在施工期间通畅是建设单位的责任。（1.0 分）

应批准费用索赔总额 18 万元；应批准工期索赔总额 4 天。（2.0 分）

4.（本小题 8.0 分）

内容（1）中“索赔工期 2 天”成立，因非季节性特大暴雨属于不可抗力，建设单位应承担工期损失风险（或工期应给予顺延）。（2.0 分）

内容（1）中“人员窝工费，机械损坏修理费，机械窝工费，现场管理费”不成立，因不可抗力事件发生后根据风险分担的原则，施工单位应承担这些费用。（1.0 分）

内容（2）成立，因不可抗力造成的基坑坍塌是建设单位应承担的风险。（1.0 分）

内容（3）成立，因保证场外道路通畅是建设单位的责任。（1.0 分）

内容（4）成立，因保证场内道路通畅是建设单位的责任。（1.0 分）

应批准费用索赔总额 23 万元；应批准工期索赔总额 8 天。（2.0 分）

5.（本小题 5.0 分）

（1）“要求剥离，经现场检查合格后，指令施工单位复工”不妥；（1.0 分）

因钢筋工程属于隐蔽工程，应按隐蔽工程的验收程序组织验收，经验收合格后方可指令施工单位竣工。（2.0 分）

（2）“审查批准施工单位提出的费用索赔”不妥；（1.0 分）

因施工单位擅自隐蔽导致停工损失由施工单位承担责任。（1.0 分）

案 例 八
（综合）

背景资料：

某建设工程，施工过程中发生了下列事件：

（1）经工程师审核确认的施工方案本身存在缺陷，导致工程被迫停工，因此增加了费用和延误了工期。

（2）因工程师指令错误而增加的费用和延误的工期。

（3）未按有关规定办理噪声手续导致的停工和罚款。

（4）未按有关规定办理施工质量监督手续导致无法开工而延误的工期和增加的费用。

（5）施工现场内的临时用电因接线错误发生短路导致停电而增加的费用和延误的工期。

（6）施工场地外因高压线故障导致停电而增加的费用和延误的工期。

（7）施工场地内主要交通道路因季节性大雨被冲毁后，修复道路而增加的费用和延误的工期。

（8）施工场地周围地下管线因协调不力而增加的费用和延误的工期。

（9）承发包双方对工程质量有争议，由合同约定的检测机构进行停工鉴定，结果符合强制性标准的规定，但没有达到合同约定的质量标准，因返工重做而增加的费用和延误的工期。

（10）工程师对工程质量进行日常性的监督检查影响了正常施工进度，检查结果合格，因此增加的费用和延误的工期。

（11）钢筋工程完成后，施工单位为了抢工期，立即浇筑了混凝土，工程师发现后，指令其剥离检查，结果合格，因检查和修复而增加的费用和延误的工期。

（12）对某工程部位的质量有怀疑，该部位隐蔽前施工单位通知了工程师验收，但工程师未参加验收，也未提出延期验收的要求。因工程师要求剥离检查而增加的费用和延误的工期。

（13）单机无负荷试车时，因业主采购设备制造原因未通过，拆除及重新安装而增加的费用和延误的工期。

（14）因临街安全封闭措施不符合规定，政府安全检查后，要求施工单位停工整改而增加的费用和延误的工期。

（15）施工单位为了保证基础工程的质量，经工程师同意超出图纸范围进行重锤夯实，因此增加的费用和延误的工期。

（16）发包人供应材料，承包人按规定进行了检验，经工程师确认后用于工程，事后在一次质量事故中，经检测部门鉴定是因材料质量不合格引发的本次质量事故，该工程部位需返工重做，因此增加的费用和延误的工期。

（17）因设计图纸原因增加的费用和延误的工期。

（18）某施工合同约定的工期奖罚均为 3000 元/天，合同履行过程中，因不可抗力事件导致工期延误 10 天，施工单位提出了赶工措施，经工程师同意后修改了原进度计划，因此增加了赶工费。

（19）发包人因工程急于投入使用，与承包人协商一致后签订了提前竣工协议，因此增加的赶工费。

（20）合同履行过程中，因发生了不可抗力事件，发包人要求承包人对已完工程部位采取特殊的保护措施而增加的费用。

（21）经工程师同意，在施工过程中，施工单位使用了某专利技术，因此增加的专利技术费。

（22）在土方开挖过程中，合同约定等级以上的暴雨，使局部土体塌方，清理费用 10 万元，人员和机械窝工费 3 万元，现场停工 10 天。

（23）某道路工程施工过程中，原计划用隧道出渣铺填路面底基层，但施工中发行隧道出渣的级配不合理，需要进一步破碎才能使用，因此增加了费用并延误了工期。

（24）某工程施工过程中正值雨季，地下水位－6m，而 2 个月前施工单位投标时，招标文件中提供的勘察报告中标明的地下水位为－8.5m，因此增加了降水费用。

问题：

根据《施工合同》通用条款的规定，上述事件引起的索赔是否成立？说明理由。

答案：

（1）费用索赔和工期索赔均不成立；

理由：根据通用条款的规定，施工方案本身存在缺陷是施工单位应承担的责任，工程师审核确认并不解除施工单位的任何合同责任和义务。

（2）费用索赔和工期索赔均成立；

理由：根据通用条款的规定，工程师指令错误是建设单位应承担的责任。

（3）费用索赔和工期索赔均不成立；

理由：根据通用条款的规定，未按有关规定办理噪声手续导致的停工和罚款是施工单位应承担的责任。

(4) 费用索赔和工期索赔均成立；

理由：根据通用条款的规定，未按有关规定办理施工质量监督手续导致无法开工是建设单位应承担的责任。

(5) 费用索赔和工期索赔均不成立；

理由：根据通用条款的规定，临时用电因接线错误发生短路导致停电是施工单位应承担的责任。

(6) 费用索赔和工期索赔均成立；

理由：根据通用条款的规定，施工场地外因高压线故障导致停电是建设单位应承担的责任。

(7) 费用索赔和工期索赔均成立；

理由：根据通用条款的规定，施工场地内主要交通道路因季节性大雨被冲毁是建设单位应承担的责任。

(8) 费用索赔和工期索赔均成立；

理由：根据通用条款的规定，施工场地周围地下管线因协调不力是建设单位应承担的责任。

(9) 费用索赔和工期索赔均不成立；

理由：根据通用条款的规定，只要没有达到合同约定的质量标准就是施工单位应承担的责任。

(10) 费用索赔和工期索赔均成立；

理由：根据通用条款的规定，检查结果合格，因此增加的费用和延误的工期是建设单位应承担的责任。

(11) 费用索赔和工期索赔均不成立；

理由：根据通用条款的规定，私自隐蔽工程，不论检查结果如何，均是施工单位应承担的责任。

(12) 如检查结果合格，费用索赔和工期索赔均成立；

理由：根据通用条款的规定，重新检验结果合格的，因此增加的费用和延误的工期是建设单位应承担的责任。

如检查结果不合格，费用索赔和工期索赔均不成立；

理由：根据通用条款的规定，重新检验结果不合格的，因此增加的费用和延误的工期是施工单位应承担的责任。

(13) 费用索赔和工期索赔均成立；

理由：根据通用条款的规定，因业主采购设备制造原因未通过试车，这是业主应承担的责任。

(14) 费用索赔和工期索赔均不成立；

理由：根据通用条款的规定，各类措施费用均已包含在合同价内，临街安全封闭措施不符合规定是施工单位应承担的责任。

(15) 费用索赔和工期索赔均不成立；

理由：根据通用条款的规定，保证质量的各类措施费用均已包含在合同价内，超出图纸范围进行重锤夯实是施工单位应承担的责任。

（16）费用索赔和工期索赔均成立；

理由：根据通用条款的规定，发包人供应材料，材料质量不合格引发的本次质量事故是发包人应承担的责任。

（17）费用索赔和工期索赔均成立；

理由：根据通用条款的规定，设计图纸原因是建设单位应承担的责任。

（18）费用索赔不成立；

理由：根据通用条款的规定，施工单位提出赶工措施是为了获得工期提前奖或避免延期罚款，因此增加了赶工费是施工单位应承担的责任。

（19）费用索赔成立；

理由：根据通用条款的规定，发包人要求提前竣工的，因此增加的赶工费是发包人应承担的责任。

（20）费用索赔成立；

理由：根据通用条款的规定，发包人要求采取特殊的保护措施而增加的费用是发包人应承担的责任。

（21）费用索赔不成立；

理由：根据通用条款的规定，施工单位要求使用专利技术，因此增加的专利技术费是施工单位应承担的责任。

（22）中“使局部土体塌方，清理费用10万元，现场停工10天”的费用索赔和工期索赔均成立；

理由：根据通用条款的规定，合同约定等级以上的暴雨属于不可抗力事件，工程损坏、清理费用和工期损失是建设单位应承担的责任。

“人员和机械窝工费3万元”的费用索赔不成立；

理由：根据通用条款的规定，发生不可抗力事件后，施工单位的人员和机械窝工费是施工单位应承担的责任。

（23）费用索赔和工期索赔均不成立；

理由：根据通用条款的规定，隧道出渣的级配不合理是施工单位应承担的风险责任，是一个有经验的施工单位能够合理预见的。

（24）费用索赔和工期索赔均不成立；

理由：根据通用条款的规定，地下水位上涨是一个有经验的施工单位能够合理预见的，这是施工单位应承担的风险责任。

第六章 信息管理

<table>
<tr><td rowspan="7">核心考点</td><td rowspan="4">工程档案的编制</td><td>施工资料组卷要求</td></tr>
<tr><td>工程资料移交</td></tr>
<tr><td>工程资料归档</td></tr>
<tr><td>备案</td></tr>
<tr><td rowspan="3">质量保修</td><td>保修期限</td></tr>
<tr><td>保修义务</td></tr>
<tr><td>质量保证金</td></tr>
<tr><td colspan="3">经典考题</td></tr>
</table>

第一节 信息管理核心考点

考点一：工程档案的编制

工程资料应为原件；当为复印件时，提供单位应在复印件上加盖单位印章，并应有经办人签字及日期。提供单位应对资料的真实性负责。

一、施工资料组卷要求

1. 专业承包工程形成的施工资料应由专业承包单位负责，并应单独组卷；
2. 电梯应按不同型号每台电梯单独组卷；
3. 室外工程应按室外建筑环境、室外安装工程单独组卷；
4. 当施工资料中部分内容不能按一个单位工程分类组卷时，可按建设项目组卷；
5. 施工资料目录应与其对应的施工资料一起组卷；
6. 应按单位工程进行组卷。

二、工程资料移交

1. 施工单位应向建设单位移交施工资料；
2. 实行施工总承包的，各专业承包单位应向施工总承包单位移交施工资料；
3. 监理单位应向建设单位移交监理资料；
4. 工程资料移交时应及时办理相关移交手续，填写工程资料移交书、移交目录；
5. 建设单位应按国家有关法规和标准的规定向城建档案管理部门移交工程档案，并办理相关手续。有条件时，向城建档案管理部门移交的工程档案应为原件。

三、工程资料归档

1. 工程资料归档保存期限应符合国家现行有关标准的规定。当无规定时，不宜少于5年；

2. 建设单位工程资料归档保存期限应满足工程维护、修缮、改造、加固的需要；

3. 施工单位工程资料归档保存期限应满足工程质量保修及质量追溯的需要。

四、备案

1. 建设单位应当自工程竣工验收合格之日起15天内依照规定，向工程所在地的县级以上地方人民政府建设行政主管部门（以下简称备案机关）备案。

2. 工程竣工验收备案表一式两份，一份由建设单位保存，一份留备案机关存档。

3. 工程质量监督机构应当在工程竣工验收之日起5天内，向备案机关提交工程质量监督报告。

4. 备案机关发现建设单位在竣工验收过程中有违反国家有关建设工程质量管理规定行为的，应当在收讫竣工验收备案文件15天内，责令停止使用，重新组织竣工验收。

考点二：质量保修

一、保修期限

房屋建筑工程保修期从工程竣工验收合格之日起计算，在正常使用条件下，房屋建筑工程的最低保修期限为：

1. 地基基础工程和主体结构工程，为设计文件规定的该工程合理使用年限；

2. 屋面防水工程、有防水要求的卫生间、房间和外墙面的防渗漏为5年；

3. 供热与供冷系统，为2个供暖期、供冷期；

4. 电气管线、给水排水管道、设备安装为2年；

5. 装修工程为2年。

其他项目的保修期限由建设单位和施工单位约定。

二、保修义务

按照《建设工程质量管理条例》的规定，建设工程在保修范围和保修期限内发生质量问题时，施工单位应当履行保修义务，并对造成的损失承担赔偿责任。

第一条：质量问题确实是由于施工单位的施工责任或施工质量不良造成的，施工单位负责修理并承担修理费用。

第二条：质量问题是由双方的责任造成的，应商定各自的经济责任，由施工单位负责修理。

第三条：质量问题是由于建设单位提供的设备、材料等质量不良造成的，应由建设单位承担修理费用，施工单位协助修理。

第四条：质量问题发生是因建设单位（用户）责任，修理费用或者重建费用由建设单位负担。

第五条：涉外工程的修理按合同规定执行，经济责任按以上原则处理。

三、质量保证金

1. 概念

（1）建设工程质量保证金（保修金）（以下简称保证金）是指发包人与承包人在建设工程承包合同中约定，从应付的工程款中预留，用以保证承包人在缺陷责任期内对建设工程出现的缺陷进行维修的资金。

（2）缺陷是指建设工程质量不符合工程建设强制性标准、设计文件，以及承包合同的约定。

(3) 缺陷责任期一般为六个月、十二个月或二十四个月，具体可由发、承包双方在合同中约定。

(4) 缺陷责任期从工程通过竣(交)工验收之日起计。由于承包人原因导致工程无法按规定期限进行竣(交)工验收的，缺陷责任期从实际通过竣(交)工验收之日起计。由于发包人原因导致工程无法按规定期限进行竣(交)工验收的，在承包人提交竣(交)工验收报告90天后，工程自动进入缺陷责任期。

2. 比例

(1) 全部或者部分使用政府投资的建设项目，按工程价款结算总额5%左右的比例预留保证金。

(2) 社会投资项目采用预留保证金方式的，预留保证金的比例可参照执行。

3. 扣除

(1) 缺陷责任期内，由承包人原因造成的缺陷，承包人应负责维修，并承担鉴定及维修费用。如承包人不维修也不承担费用，发包人可按合同约定扣除保证金，并由承包人承担违约责任。承包人维修并承担相应费用后，不免除对工程的一般损失赔偿责任。

(2) 由他人原因造成的缺陷，发包人负责组织维修，承包人不承担费用，且发包人不得从保证金中扣除费用。

4. 返还

(1) 缺陷责任期内，承包人认真履行合同约定的责任，到期后，承包人向发包人申请返还保证金。

(2) 发包人在接到承包人返还保证金申请后，应于14日内会同承包人按照合同约定的内容进行核实。如无异议，发包人应当在核实后14日内将保证金返还给承包人，逾期支付的，从逾期之日起，按照同期银行贷款利率计付利息，并承担违约责任。发包人在接到承包人返还保证金申请后14日内不予答复，经催告后14日内仍不予答复，视同认可承包人的返还保证金申请。

第二节　信息管理经典考题

案　例　一

【2016建筑(四)部分内容】

背景资料：

某新建住宅工程，建筑面积43200m²，投资额25910万元建设单位自行编制了招标工程量清单等招标文件，其中部分条款内容为：本工程实行施工总承包模式；承包工程为土建、水电安装、内外装修及室外道路和小区园林景观；施工质量标准为合格；工程款按每月完成工作量的80%支付，保修金为总价的5%，招标控制价为25000万元；工期自2013年7月1日起至2014年9月30日止，工期为15个月；园林景观由建设单位指定专业承包单位施工。

2014年9月30日工程通过竣工验收，建设单位按照相关规定，提交了工程竣工验收备案表、工程竣工验收报告、人防及消防单位出具的验收文件，并获得规划、环保等部门出具的认可文件，在当地建设行政主管部门定成了相关备案工作。

问题：

在本项目的竣工验收备案工作中，施工总承包单位还要向建设单位提交哪些文件？

答案：

（本小题 3.0 分）

施工总包单位还应向建设单位提交以下文件：

（1）施工单位签署的工程质量保证书；（1.0 分）

（2）法律法规规定必须提供的其他文件；（1.0 分）

（3）住宅工程还应当提交住宅质量保证书和住宅使用说明书。（1.0 分）

案 例 二

【2013 建筑（二）部分内容】

背景资料：

某商业建筑工程，地上 6 层，砂石地基，砖混结构，建筑面积 24000m^2，外窗采用铝合金窗，内外采用金属门。在施工过程中发生了如下事件：

建设单位在审查施工单位提交的工程竣工资料时，发现工程资料有涂改，违规使用复印件等情况，要求施工单位进行整改。

问题：

针对该事件，分别写出工程竣工资料在修改以及使用复印件时的做法。

答案：

（本小题 5.0 分）

（1）工程资料形成单位应对资料内容的真实性、完整性、有效性负责，工程资料不得随意修改（1.0 分），当需要修改时，应实行划改，并由划改人签署。（1.0 分）

（2）工程资料应为原件（1.0 分）；当为复印件时，提供单位应在复印件上加盖单位公章，并有经办人签字和日期，提供单位应对资料的真实性负责。（2.0 分）

案 例 三

【2012 建筑（三）部分内容】

背景资料：

某办公楼工程，地下 1 层，地上 12 层，总建筑面积 25800m^2，建设单位与某施工总承包单位签订了施工承包合同，按照合同约定，施工总承包单位将装饰装修工程分包给了符合资质条件的分包单位。

合同履行过程中，发生了下列事件：

总监理工程师在检查工程竣工验收条件时，确认施工总承包单位已经完成建设工程设计和合同约定的各项内容，有完整的技术档案与施工管理资料，以及勘察、设计、施工、工程监理等参建单位分别签署的质量合格文件并符合要求，但还缺少部分竣工验收条件所规定的资料。在竣工验收时，建设单位要求施工总承包单位和装饰装修工程分包单位将各自的工程资料向项目监理机构移交，由项目监理机构汇总后向建设单位移交。

问题：

根据《建设工程质量管理条例》和《建设工程文件归档整理规范》GB/T 50328—2001，指出施工总承包单位还应补充哪些竣工验收资料？建设单位提出工程竣工资料移交的要求是否妥当？并给出正确的做法。

答案：

（本小题 5.0 分）

（1）还应补充：

1）工程使用的主要建筑材料、构配件和设备的进场试验报告；（1.0 分）

2）有关施工单位签署的工程保修书。（1.0 分）

（2）建设单位提出的工程竣工资料移交的要求不妥当。（1.0 分）

正确做法：装修分包单位向总承包单位移交资料（1.0 分），由总承包单位汇总后向建设单位移交（1.0 分）。

案 例 四

【2015 市政（三）部分内容】

背景资料：

工程施工完成并达到下列基本条件后，建设单位组织了竣工验收：（1）施工单位已完成工程设计和合同约定的各项内容；（2）监理单位出具工程质量评估报告；（3）设计单位出具工程质量检查报告；（4）工程质量检验合格，检验记录完整；（5）已按合同约定支付工程款；……

问题：

依据《房屋建筑和市政基础设施工程竣工验收规定》（建质〔2013〕171 号），补充工程竣工验收基本条件中所缺内容。

答案：

（本小题 5.0 分）

工程竣工验收基本条件还有：

（1）有工程使用的主要建筑材料、建筑构配件和设备的进场试验报告，以及工程质量检测和功能性试验资料；（1.0 分）

（2）有完整的技术档案和施工过程管理资料；（1.0 分）

（3）有施工单位签署的工程保修书；（1.0 分）

（4）建设主管部门及工程质量监督机构责令整改的问题全部整改完毕；（1.0 分）

（5）法律、法规规定的其他条件。（1.0 分）

案 例 五

【2013 机电（五）部分内容】

背景资料：

在露天非标准制作时，分包商采用 CO_2 气体保护焊施焊。质检员予以制止。动态炉窑焊接完成后，项目部即着手炉窑的砌筑。监理工程师予以制止砌筑后，在没有烘炉技术资料的情况下，项目部根据在某场的烘炉经验开始烘炉，又一次遭到监理工程师的制止。

在投料保修期间。设备运行不正常甚至有部件损坏，主要原因有：（1）设备制造质量问题；（2）建设单位工艺操作失误；（3）安装精度问题。建设单位与A公司因质量问题的责任范围发生争执。

问题：

分别指出保修期间出现的质量问题应如何解决？

答案：

（本小题6.0分）

保修期间出现的质量问题的解决如下：

（1）设备制造质量问题造成的损失，应由建设单位承担修理费用，施工单位协助修理。（2.0分）

（2）建设单位工艺操作失误造成的损失，其修理费用或者重建费用由建设单位负担。（2.0分）

（3）安装精度问题造成的损失，应由施工单位负责修理。（2.0分）

案 例 六

【2018通信与广电（四）部分内容】

背景资料：

某地级市中心机房电源设备安装工程完工后，施工单位提交了竣工资料，内容包括：开工报告、建筑安装工程量总表、设计变更单、隐蔽工程/随工验收签证、停（复）工报告、交（完）工报告、交接书、洽商记录、竣工图、测试记录。

施工合同未约定保修期，工程终验后第10个月，个别电池极柱发生严重腐蚀，经分析认定为电池生产缺陷。

问题：

1.列出竣工资料缺少的内容及施工单位需在竣工图上签字的人员。

2.本项目的保修期应为几个月？施工单位应如何处理电池极柱腐蚀问题？

答案：

1.（本小题7.0分）

竣工资料还缺少：工程概况(1.0分)、已安装设备明细表(1.0分)、重大工程质量事故报告(1.0分）和验收证书(1.0分)；施工单位的编制人(1.0分)、审核人(1.0分)、技术负责人(1.0分)。

2.（本小题5.0分）

保修期为12个月。（2.0分）

在保修期间，施工单位对由于非施工单位原因而造成的质量问题，应积极配合建设单位、运行维护单位分析原因，进行处理，所涉及费用和建设单位协商处理。（3.0分）

第七章　安全管理

核心考点	安全管理	安全管理保证项目的检查评定
		安全相关人员问题
		安全问题原因
		发生安全事故、有险情时、有伤员时的处理要点
		安全生产应急预案
		风险管理的组织和识别
	文明施工	文明施工保证项目的检查评定
		文明施工一般项目的检查评定
		施工现场防火
		施工现场环境保护
	施工用电	施工用电保证项目的检查评定
		施工用电一般项目的检查评定
		施工用电
	《建设工程安全生产管理条例》	建设单位的安全责任
		监理单位的安全责任
		安装单位的安全责任
		施工单位的安全责任
	《安全生产许可证条例》	—
	《生产安全事故报告和调查处理条例》	事故分级
		事故报告
		事故调查
		事故处理
经典考题		

第一节　安全管理核心考点

考点一：安全管理

一、安全管理保证项目的检查评定

1. 施工组织设计及专项施工方案

（1）工程项目部在施工前应编制施工组织设计，施工组织设计应针对工程特点、施工工艺制定安全技术措施；

（2）危险性较大的分部分项工程应按规定编制安全专项施工方案；

（3）工程项目部应按施工组织设计、专项施工方案组织实施。

2. 安全生产责任制

（1）工程项目部应制定以伤亡事故控制、现场安全达标、文明施工为主要内容的安全生产管理目标；

（2）工程项目部应建立以项目经理为第一责任人的各级管理人员安全生产责任制；

（3）按安全生产管理目标和项目管理人员的安全生产责任制，应进行安全生产责任目标分解；

（4）应建立对安全生产责任制和责任目标的考核制度，应对项目管理人员定期进行考核；

（5）工程项目部应制定安全生产资金保障制度，应编制安全资金使用计划；

（6）工程项目部应按规定配备专职安全员。

3. 安全技术交底

（1）施工负责人在分派生产任务时，应对相关管理人员、施工作业人员进行书面安全技术交底；

（2）安全技术交底应按施工工序、施工部位、施工栋号分部分项进行；

（3）安全技术交底应结合施工作业场所状况、特点、工序，对施工方案、规范标准、操作规程、危险因素和应急措施进行交底；

（4）安全技术交底应由交底人、被交底人、专职安全员进行签字确认。

安全技术交底主要包括三个方面：一是按工程部位分部分项进行交底；二是对施工作业固定地点，与工程施工部位没有直接关系的工种，如起重机械、钢筋加工等，应单独进行交底；三是对工程项目的各级管理人员，应进行以安全施工方案为主要内容的交底。

4. 安全检查

（1）工程项目部应建立安全检查制度；

（2）安全检查应由项目负责人组织，专职安全员及相关专业人员参加，定期进行，并填写检查记录；

（3）安全检查的主要形式：日常巡查、经常性安全检查、定期安全检查、季节性安全检查、节假日安全检查、开工、复工安全检查、专项检查、专业性安全检查和设备设施安全验收检查等；

（4）安全检查主要方法："看""听""问""量""测"" 转"（运转试验）；

（5）安全检查的主要内容：查思想、行为、劳动防护用品使用，查伤亡事故处理，查防护、设备、设施，查责任、制度、措施、教育、培训等；

（6）对检查中发现的事故隐患应下达隐患整改通知单，定人、定时、定措施进行整改；重大事故隐患整改后，应由相关部门组织复查：按照谁检查谁复查的原则进行。

5. 安全教育

（1）工程项目部应建立安全教育培训制度；

（2）当施工人员入场时，工程项目部应组织进行以国家安全法律法规、企业安全制度、施工现场安全管理规定及各工种安全技术操作规程为主要内容的三级安全教育培训和考核：现场应填写三级安全教育台账记录和安全教育人员考核登记表；

（3）当施工人员变换工种或采用新技术、新工艺、新设备、新材料施工时，应进行安全教育培训；

（4）施工管理人员、专职安全员每年度应进行安全教育培训和考核。

6.应急救援

（1）工程项目部应针对工程特点，进行重大危险源的辨识；应制定防触电、防火灾、防坍塌、防高处坠落、防机械伤害、防物体打击等主要内容的专项应急救援预案，并对施工现场易发生重大安全事故的部位、环节进行监控；

（2）施工现场应建立应急救援组织，培训、配备应急救援人员，定期组织员工进行应急救援演练：综合或专项的应急救援演练；

（3）按应急救援预案要求，应配备应急救援器材和设备。

二、安全相关人员问题

1.需要经安全考核上岗的岗位

（1）施工单位的主要负责人、项目负责人、专职安全生产管理人员（安全员、安全部门负责人、安全总监等）应当经建设行政主管部门或者其他有关部门考核合格后持证方可任职。

（2）特种作业人员应经过考核，并持有特种作业上岗证方能上岗。

特种作业人员包括：电工、垂直运输机械作业人员及指挥人员（如：起重机司机、起重信号工、司索工、施工电梯司机、龙门架及井架物料提升机操作工）、起重机械安装拆卸工、电焊工、气焊工、爆破作业人员、机动车驾驶员、登高架设作业人员（架子工等）场内机动车驾驶员、防腐和防火涂料的涂装油漆工。

2.项目经理的资格

项目经理应由企业法定代表人任命，并根据授权对项目负全面管理的责任，大中型工程的项目负责人必须由本专业的注册建造师担任，二级注册建造师可担任中小型工程项目负责人。

3.人员的职责

（1）项目经理

1）项目经理的职责

① 项目管理目标责任书规定的职责；

② 主持编制项目管理实施规划；

③ 对资源进行动态管理；

④ 建立各种专业管理体系；

⑤ 进行授权范围内利益分配；

⑥ 参与工程竣工验收；

⑦ 接受审计；

⑧ 协助组织项目的检查、鉴定和评奖申报工作。

2）项目经理的权限

① 参与招标、投标和合同签订；

② 参与组建项目经理部；

③ 主持项目经理部工作；

④ 授权范围内资金投入和使用；

⑤ 制定内部计酬方法；

⑥ 参与选择分包人；

⑦ 参与选择物资供应单位；

⑧ 授权范围内协调内、外部关系。

(2) 技术负责人：分施工单位技术负责人和项目技术负责人两级，其工作职责对比见表 7.1.1。

表 7.1.1

负责人	具体工作
应由施工单位技术负责人审签的事项	施工组织设计、各种施工方案（如基坑支护与降水、土方开挖方案）及方案的变更（应由项目经理组织编制，还应由总监签字后方可实施）
应由项目技术负责人负责完成的工作	(1) 参加本项目各层次的验收（作为施工单位项目部的参加人之一）； (2) 项目技术负责人必须主持对设计图样的审核，并应形成会审记录； (3) 对特殊过程的控制，除应执行一般过程控制的规定外，还应由专业技术人员编制专门的作业指导书，经项目技术负责人审批后执行； (4) 结构实体检验应在监理工程师（建设单位项目专业技术负责人）见证下，由施工项目技术负责人组织实施； (5) 审批拆模申请

(3) 专职安全生产管理人员的职责。专职安全生产管理人员负责对安全生产进行现场监督检查。发现安全事故隐患，应当及时向项目负责人和项目安全生产管理机构报告；对违章指挥、违章操作的，应当立即制止。

4. 安全生产管理小组的组成与专职安全生产管理人员人数配置要求

建设工程项目应当成立由项目经理负责的安全生产管理小组，小组成员应包括企业派驻到项目的专职安全生产管理人员，以及项目经理、技术负责人、专职安全员、工长及各工种班组长等。

专职安全生产管理人员的人数配置要求见表 7.1.2

表 7.1.2

建筑面积	<1 万 m^2	1 万～5 万 m^2	>5 万 m^2
人员配置要求	至少 1 人	至少 2 人	至少 3 人，应当设置安全主管，按土建、机电设备等专业设置专职安全生产管理人员

三、安全问题原因（见图 7.1.1）

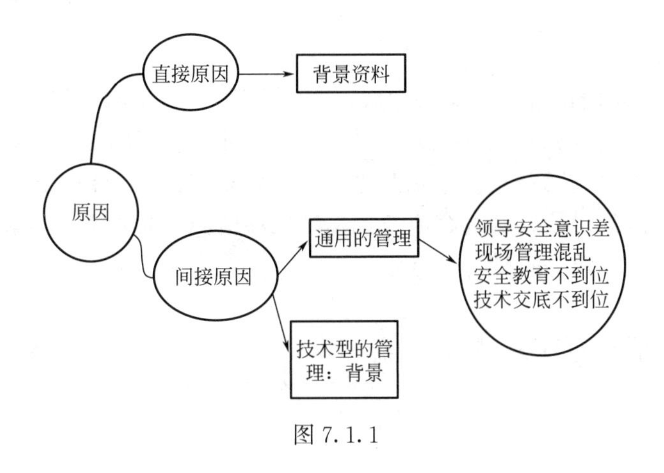

图 7.1.1

四、发生安全事故、有险情时、有伤员时的处理要点

1.立即停止施工；

2.启动应急预案；

3.抢救伤员，保护现场；

4.采取措施、排除险情（如疏散、撤离危险区域人员，采取防护措施、设安全警戒区、拉闸断电、卸荷载）；

5.及时上报；

6.积极配合事故调查；

7.认真落实纠正措施和预防措施；

8.妥善处理善后事宜；

9.认真总结，吸取经验教训。

五、安全生产应急预案

1.应急预案体系的构成

（1）综合应急预案：从总体上阐述方针、政策……的综合性文件；

（2）专项应急预案：针对具体事故类别（如基坑开挖）的计划或方案；

（3）现场处置方案：针对具体装置、场所、设施、岗位的措施。

生产规模小、危险因素少的生产经营单位，其综合应急预案和专项应急预案可以合并编写。

2.项目部制定的应急预案的主要内容

（1）应急工作的组织及相应职责；

（2）可依托的社会力量（如消防、医疗卫生等部门）救援程序；

（3）内部、外部信息交流的方式和程序；

（4）危险物质信息及对紧急状态的识别，包括物质的危害因素以及发生事故时应采取的有效措施；

（5）应急避险的行动程序（撤离逃生路线图）；

（6）相关人员的应急培训程序。

3.生产安全事故应急预案的管理——评审、备案、实施和奖惩

（1）评审

必要时，地方各级安监部门组织，可以召开听证会。参加人员：政府人员和专家。有利害关系的，应当回避。

（2）备案

地方各级安监部门的应急预案，报同级人民政府和上级安监部门备案；其他负有安监职责的部门的应急预案（如建设部门），应当抄送同级安监部门；中央管理的总公司的综合应急预案和专项应急预案，报国务院监管部、国务院安监部和有关的主管部门备案。

未实行安全生产许可的，其综合应急预案和专项应急预案的备案，由省、自治区、直辖市人民政府安全生产监督管理部门确定。

（3）实施

应急预案（综合应急预案、专项应急预案）演练，每年至少组织一次；现场处置方案，每半年至少组织一次。

（4）奖惩

未备案，警告、三万元以下罚款；未制定或未采取措施，停产停业整顿，行政处罚。

六、风险管理的组织和识别

1.风险识图（见图7.1.2）

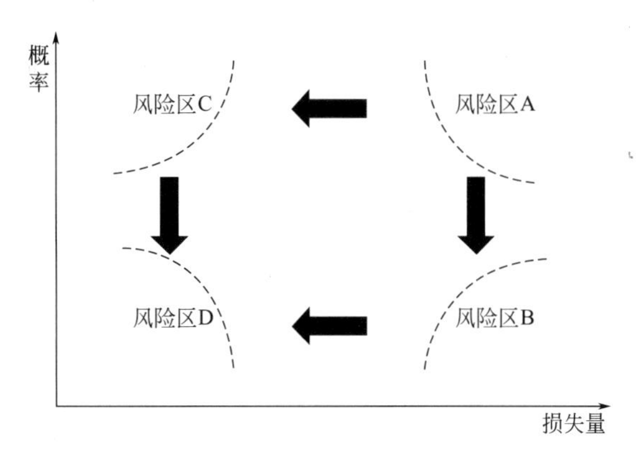

风险等级矩阵表					
风险等级		损失等级			
		1	2	3	4
概率等级	1	Ⅰ级	Ⅰ级	Ⅱ级	Ⅱ级
	2	Ⅰ级	Ⅱ级	Ⅱ级	Ⅲ级
	3	Ⅱ级	Ⅱ级	Ⅲ级	Ⅲ级
	4	Ⅱ级	Ⅲ级	Ⅲ级	Ⅳ级

图7.1.2

项目风险类型：

（1）组织风险：组织、流程、分工、人员；

（2）经济与管理风险：经济、资金、合同、防火、防范、安全；

（3）工程环境风险：自然、地质、水文、气象、火灾爆炸；

（4）技术风险：勘测、设计、施工、物资、机械。

2.项目风险管理的工作流程（见表7.1.3）

表7.1.3

管理流程	工作内容
识别	（1）收集信息；（2）确定因素；（3）编制报告
评估	（1）分析概率；（2）分析损失量；（3）确定风险量、风险等级
响应	规避、减轻、自留、转移（投保）
控制	预测、监控、预警

考点二：文明施工

一、文明施工保证项目的检查评定

1.围挡管理

（1）市区主要路段的工地应设置高度不小于2.5m的封闭围挡；

（2）一般路段的工地应设置高度不小于 1.8m 的封闭围挡；

（3）围挡应坚固、稳定、整洁、美观。

2.封闭管理

（1）施工现场进出口应设置大门，并应设置门卫值班室、配备门卫值守人员；

（2）施工现场出入口应标有企业名称或标识，并应设置车辆冲洗设施；

（3）施工人员进入施工现场应佩戴工作卡。

3.地面管理

（1）施工现场的主要道路及材料加工区地面应进行硬化处理；

（2）施工现场应有防止扬尘措施；防止泥浆、污水、废水污染环境的措施；设置排水设施；

（3）施工现场应设置专门的吸烟处，严禁随意吸烟；温暖季节应有绿化布置。

4.材料管理

（1）建筑材料、构配件应按总平面布局图进行码放；码放应整齐，并应标明名称、规格；码放应采取防火、防雨、防蚀措施。

（2）易燃易爆物品应分类储藏在专用库房内，并应制定防火措施。

（3）建筑物内施工垃圾的清运，应采用器具或管道运输，严禁随意抛掷。

5.设施管理

（1）施工作业、材料存放区与办公、生活区应划分清晰，并应采取相应的隔离措施。

（2）宿舍应设置可开启式窗户，床铺不得超过 2 层，通道宽度不应小于 0.9m，人均面积不应小于 2.5m^2，且不得超过 16 人；在建工程、伙房、库房不得兼作宿舍。

（3）夏季宿舍内应有防暑降温和防蚊蝇措施；冬季宿舍内应有供暖和防一氧化碳中毒措施；生活用品应摆放整齐，环境卫生应良好。

6.防火管理

（1）施工现场临时用房和作业场所的防火设计应符合规范要求；

（2）施工现场应设置消防通道、消防水源、灭火器材，并应符合规范要求；

（3）明火作业应履行动火审批手续，配备动火监护人。

二、文明施工一般项目的检查评定

1.综合治理

施工现场应建立治安保卫制度，责任分解落实到人；施工现场应制定治安防范措施。

2.公示标牌

3.生活设施

生活垃圾应装入密闭式容器内，并应及时清理。

4.社区服务

（1）夜间施工前，应取得夜间施工许可证，必须经批准后方可进行施工；

（2）施工现场应制定防粉尘、防噪声、防光污染等措施；

（3）施工现场严禁焚烧各类废弃物。

三、施工现场防火

1.建立防火制度

（1）施工现场都要建立健全防火检查制度；

（2）建立动用明火审批制度；

（3）建立义务消防队，人数不少于施工总人数的10%。

2.消防器材的配备

（1）临时搭设的建筑物区域内每100m^2配备两只10L灭火器。

（2）大型临时设施总面积超过1200m^2，应配有专供消防用的太平桶、积水桶、黄沙池，且周围不得堆放易燃物品。

（3）临时木工间、木机间、油漆间等，每25m^2配备一只灭火器。

（4）消防车道的宽度不应小于4m，端头处应有12m×12m回车场。

（5）消火栓应沿消防车道或堆料场内交通道路的边缘设置；消火栓之间的距离不应大于120m，距路边不大于2m，距拟建房屋不小于5m、不大于25m。

（6）消防箱内消防水管长度不小于25m。

3.施工现场的焊、割作业，严格执行“十不烧”规定：

（1）无证者不准进行焊、割作业；

（2）无动火审批手续，不准进行焊、割；

（3）不了解焊、割现场的周围情况，不得进行焊、割；

（4）不了解焊件内部是否有易燃、易爆物时，不得进行焊、割；

（5）各种装过可燃气体、易燃液体和有毒物质的容器，未经彻底清洗，或未排除危险之前，不准进行焊、割；

（6）用可燃材料保温层、冷却层、隔声、隔热设备的部位，或火星能飞溅到的地方，在未采取切实可靠的安全措施之前，不准焊、割；

（7）有压力或密闭的管道、容器，不准焊、割；

（8）有易燃易爆物品，在未作清理或未采取有效的安全防护措施前，不准焊、割；

（9）与明火作业相抵触的工种在作业时，不准焊、割；

（10）与外单位相连的部位，在没有弄清有无险情，或明知存在危险而未采取有效的措施之前，不准焊、割。

无不与未有：无操作证，无动火证；不了解周围，不了解内部；与明火作业相抵触，与外单位相连部位存在危险；未排除危险，未采取措施；有压力容器，有易燃物品。

四、施工现场环境保护

1.环保申报

在城市市区范围内从事建筑工程施工，项目必须在工程开工15日以前向县级以上地方人民政府环境保护管理部门申报登记。

2.噪声限值

施工期间应遵照《建筑施工场界环境噪声排放标准》GB 12523—2011的规定，制定降噪措施。

3.夜间施工

确需夜间施工的，应办理夜间施工许可证，并公告附近居民。

4.光污染

避免或减少施工过程中的光污染。夜间室外照明灯应加设灯罩，透光方向集中在施工现场范围内。电焊作业采取遮挡措施，避免弧光外泄。

5. 污水排放

施工现场污水排放要与县级以上人民政府市政管理部门签署污水排放许可协议，申领《临时排水许可证》。雨水可以直接排入市政雨水管网，污水必须经沉淀处理后方可排入市政污水管网。

6. 油水处理

施工现场设置的食堂，用餐人数在100人以上的，应设置简易有效的隔油池，加强管理，定期掏油。

7. 有毒材料

施工现场存放化学品等有毒材料、油料，必须对库房进行防渗漏处理，储存和使用都要采取措施，防止渗漏，污染水体。

8. 细粒材料

施工现场使用的水泥和其他易飞扬的细颗粒建筑材料应密闭存放或采取覆盖措施。混凝土搅拌场所应采取封闭、降尘措施。

9. 固体废物

施工现场产生的固体废弃物应向县级以上地方人民政府环卫部门申报登记，分类存放。建筑垃圾和生活垃圾应与所在地垃圾消纳中心签署环保协议，及时清运处置。有毒有害废弃物应运送到专门的有毒有害废弃物消纳中心。

10. 严禁回填

禁止将有毒有害废弃物作土方回填。

11. 严禁焚烧

除有符合规定的装置外，施工现场内严禁焚烧各类废弃物。

12. 垃圾清运

建筑物内施工垃圾的清运，必须采用相应的容器或管道运输，严禁凌空抛掷。

考点三：施工用电

一、施工用电保证项目的检查评定

1. 外电防护

（1）外电线路与在建工程的安全距离应符合规范要求；当安全距离不符合规范要求时，必须采取绝缘隔离防护措施，并应悬挂明显的警示标志；防护设施与外电线路的安全距离应符合规范要求。

（2）外电架空线路正下方不得进行施工、建造临时设施或堆放材料物品。

2. 接地与接零保护系统

（1）施工现场专用的电源中性点直接接地的低压配电系统应采用TN-S接零保护系统；

（2）施工现场配电系统不得同时采用两种保护系统。

3. 配电线路

（1）电缆应采用架空或埋地敷设并应符合规范要求，严禁沿地面明设或沿脚手架、树木等敷设；

（2）室内明敷主干线距地面高度不得小于2.5m。

4.配电箱与开关箱

(1) 施工现场配电系统应采用三级配电、二级漏电保护系统，用电设备必须有各自专用的开关箱；总配电箱与开关箱应安装漏电保护器，漏电保护器参数应匹配并灵敏可靠。

(2) 分配箱与开关箱间的距离不应超过 30m，开关箱与用电设备间的距离不应超过 3m。

二、施工用电一般项目的检查评定

1.配电室与配电装置

(1) 配电室的建筑耐火等级不应低于三级，配电室应配置适用于电气火灾的灭火器材；

(2) 配电室应设置警示标志、供电平面图和系统图。

2.现场照明

(1) 照明用电应与动力用电分设；

(2) 手持照明灯应采用安全电压供电；

(3) 施工现场应按规范要求配备应急照明。

3.用电档案

(1) 总包单位与分包单位应签订临时用电管理协议，明确各方相关责任；

(2) 施工现场应制定专项用电施工组织设计、外电防护专项方案，并应履行审批程序，实施后应由相关部门组织验收；

(3) 用电档案资料应齐全，并应设专人管理。

三、施工用电

1.临时用电组织设计的规定

(1) 施工现场临时用电设备在 5 台及以上或设备总容量在 50kW 及以上者，应编制用电组织设计。

(2) 装饰装修工程或其他特殊施工阶段，应补充编制单项施工用电方案。

2.强制性条文

下列特殊场所应使用安全特低电压照明器：

(1) 比较潮湿或灯具离地面高度低于 2.5m 等场所的照明，电源电压不应大于 36V；

(2) 潮湿和易触及带电体场所的照明，电源电压不得大于 24V；

(3) 特别潮湿场所的照明，电源电压不得大于 12V。

3.配电线路布置要求

(1) 三相四线制线路的 N 线和 PE 线截面不小于相线截面的 50%，单相线路的零线截面与相线截面相同。

(2) 架空线路必须有短路保护。采用熔断器做短路保护时，其熔体额定电流应小于等于明敷绝缘导线长期连续负荷允许载流量的 1.5 倍。

(3) 架空线路必须有过载保护。采用熔断器或断路器做过载保护时，绝缘导线长期连续负荷允许载流量不应小于熔断器熔体额定电流或断路器长延时过流脱扣器脱扣电流整定值的 1.25 倍。

(4) 直接埋地敷设的电缆过墙、过道、过临建设施时，应套钢管保护。

（5）任何线路都必须有短路保护和过载保护。

考点四：《建设工程安全生产管理条例》

一、建设单位的安全责任

第六条 建设单位应当向施工单位提供施工现场及毗邻区域内供水、供电、供气、供热、通信、广播电视等地下管线资料，水文和气象观测资料，相邻建筑物和构筑物、地下工程的有关资料，并保证资料的真实、准确、完整。

建设单位因建设工程需要，向有关部门或者单位查询前款规定的资料时，有关部门或者单位应当及时提供。

第七条 建设单位不得对勘察、设计、施工、工程监理等单位提出不符合建设工程安全生产法律、法规和强制性标准规定的要求，不得压缩合同约定的工期。

第八条 建设单位在编制工程概算时，应当确定建设工程安全作业环境及安全施工措施所需费用。

第九条 建设单位不得明示或者暗示施工单位购买、租赁、使用不符合安全施工要求的安全防护用具、机械设备、施工机具及配件、消防设施和器材。

第十条 建设单位在申请领取施工许可证时，应当提供建设工程有关安全施工措施的资料。

依法批准开工报告的建设工程，建设单位应当自开工报告批准之日起 15 日内，将保证安全施工的措施报送建设工程所在地的县级以上地方人民政府建设行政主管部门或者其他有关部门备案。

第十一条 建设单位应当将拆除工程发包给具有相应资质等级的施工单位。

建设单位应当在拆除工程施工 15 日前，将下列资料报送建设工程所在地的县级以上地方人民政府建设行政主管部门或者其他有关部门备案：

（1）施工单位资质等级证明；

（2）拟拆除建筑物、构筑物及可能危及毗邻建筑的说明；

（3）拆除施工组织方案；

（4）堆放、清除废弃物的措施。

实施爆破作业的，应当遵守国家有关民用爆炸物品管理的规定。

二、监理单位的安全责任

第十四条 工程监理单位应当审查施工组织设计中的安全技术措施或者专项施工方案是否符合工程建设强制性标准。

工程监理单位在实施监理过程中，发现存在安全事故隐患的，应当要求施工单位整改；情况严重的，应当要求施工单位暂时停止施工，并及时报告建设单位。施工单位拒不整改或者不停止施工的，工程监理单位应当及时向有关主管部门报告。

工程监理单位和监理工程师应当按照法律、法规和工程建设强制性标准实施监理，并对建设工程安全生产承担监理责任。

第五十七条 违反本条例的规定，工程监理单位有下列行为之一的，责令限期改正；逾期未改正的，责令停业整顿，并处 10 万元以上 30 万元以下的罚款；情节严重的，降低资质等级，直至吊销资质证书；造成重大安全事故，构成犯罪的，对直接责任人员，依照刑法有关规定追究刑事责任；造成损失的，依法承担赔偿责任：

（1）未对施工组织设计中的安全技术措施或者专项施工方案进行审查的；

（2）发现安全事故隐患未及时要求施工单位整改或者暂时停止施工的；

（3）施工单位拒不整改或者不停止施工，未及时向有关主管部门报告的；

（4）未依照法律、法规和工程建设强制性标准实施监理的。

三、安装单位的安全责任

第十七条 在施工现场安装、拆卸施工起重机械和整体提升脚手架、模板等自升式架设设施，必须由具有相应资质的单位承担。

安装、拆卸施工起重机械和整体提升脚手架、模板等自升式架设设施，应当编制拆装方案、制定安全施工措施，并由专业技术人员现场监督。

施工起重机械和整体提升脚手架、模板等自升式架设设施安装完毕后，安装单位应当自检，出具自检合格证明，并向施工单位进行安全使用说明，办理验收手续并签字。

第六十一条 违反本条例的规定，施工起重机械和整体提升脚手架、模板等自升式架设设施安装、拆卸单位有下列行为之一的，责令限期改正，处5万元以上10万元以下的罚款；情节严重的，责令停业整顿，降低资质等级，直至吊销资质证书；造成损失的，依法承担赔偿责任：

（1）未编制拆装方案、制定安全施工措施的；

（2）未由专业技术人员现场监督的；

（3）未出具自检合格证明或者出具虚假证明的；

（4）未向施工单位进行安全使用说明，办理移交手续的。

四、施工单位的安全责任

第二十一条 施工单位主要负责人依法对本单位的安全生产工作全面负责。施工单位应当建立健全安全生产责任制度和安全生产教育培训制度，制定安全生产规章制度和操作规程，保证本单位安全生产条件所需资金的投入，对所承担的建设工程进行定期和专项安全检查，并做好安全检查记录。

施工单位的项目负责人应当由取得相应执业资格的人员担任，对建设工程项目的安全施工负责，落实安全生产责任制度、安全生产规章制度和操作规程，确保安全生产费用的有效使用，并根据工程的特点组织制定安全施工措施，消除安全事故隐患，及时、如实报告生产安全事故。

第二十三条 施工单位应当设立安全生产管理机构，配备专职安全生产管理人员。

专职安全生产管理人员负责对安全生产进行现场监督检查。发现安全事故隐患，应当及时向项目负责人和安全生产管理机构报告；对违章指挥、违章操作的，应当立即制止。

第二十四条 建设工程实行施工总承包的，由总承包单位对施工现场的安全生产负总责。

总承包单位应当自行完成建设工程主体结构的施工。

总承包单位依法将建设工程分包给其他单位的，分包合同中应当明确各自的安全生产方面的权利、义务。总承包单位和分包单位对分包工程的安全生产承担连带责任。

分包单位应当服从总承包单位的安全生产管理，分包单位不服从管理导致生产安全事故的，由分包单位承担主要责任。

第二十五条 垂直运输机械作业人员、安装拆卸工、爆破作业人员、起重信号工、登高架设作业人员等特种作业人员，必须按照国家有关规定经过专门的安全作业培训，并取得特种作业操作资格证书后，方可上岗作业。

第二十六条 施工单位应当在施工组织设计中编制安全技术措施和施工现场临时用电方案，对下列达到一定规模的危险性较大的分部分项工程编制专项施工方案，并附具安全验算结果，经施工单位技术负责人、总监理工程师签字后实施，由专职安全生产管理人员进行现场监督：

（1）基坑支护与降水工程；

（2）土方开挖工程；

（3）模板工程；

（4）起重吊装工程；

（5）脚手架工程；

（6）拆除、爆破工程；

（7）国务院建设行政主管部门或者其他有关部门规定的其他危险性较大的工程。

对前款所列工程中涉及深基坑、地下暗挖工程、高大模板工程的专项施工方案，施工单位还应当组织专家进行论证、审查。

本条第一款规定的达到一定规模的危险性较大工程的标准，由国务院建设行政主管部门会同国务院其他有关部门制定。

第二十七条 建设工程施工前，施工单位负责项目管理的技术人员应当对有关安全施工的技术要求向施工作业班组、作业人员做出详细说明，并由双方签字确认。

第二十八条 施工单位应当在施工现场入口处、施工起重机械、临时用电设施、脚手架、出入通道口、楼梯口、电梯井口、孔洞口、桥梁口、隧道口、基坑边沿、爆破物及有害危险气体和液体存放处等危险部位，设置明显的安全警示标志。安全警示标志必须符合国家标准。

施工单位应当根据不同施工阶段和周围环境及季节、气候的变化，在施工现场采取相应的安全施工措施。施工现场暂时停止施工的，施工单位应当做好现场防护，所需费用由责任方承担，或者按照合同约定执行。

第二十九条 施工单位应当将施工现场的办公、生活区与作业区分开设置，并保持安全距离；办公、生活区的选址应当符合安全性要求。职工的膳食、饮水、休息场所等应当符合卫生标准。施工单位不得在尚未竣工的建筑物内设置员工集体宿舍。

施工现场临时搭建的建筑物应当符合安全使用要求。施工现场使用的装配式活动房屋应当具有产品合格证。

第三十条 施工单位对因建设工程施工可能造成损害的毗邻建筑物、构筑物和地下管线等，应当采取专项防护措施。

施工单位应当遵守有关环境保护法律、法规的规定，在施工现场采取措施，防止或者减少粉尘、废气、废水、固体废物、噪声、振动和施工照明对人和环境的危害和污染。

在城市市区内的建设工程，施工单位应当对施工现场实行封闭围挡。

第三十一条 施工单位应当在施工现场建立消防安全责任制度，确定消防安全责任人，制定用火、用电、使用易燃易爆材料等各项消防安全管理制度和操作规程，设置消防通道、消防水源，配备消防设施和灭火器材，并在施工现场入口处设置明显标志。

第三十五条 施工单位在使用施工起重机械和整体提升脚手架、模板等自升式架设设施前，应当组织有关单位进行验收，也可以委托具有相应资质的检验检测机构进行验收；使用承租的机械设备和施工机具及配件的，由施工总承包单位、分包单位、出租单位和安装单位共同进行验收。验收合格的方可使用。

《特种设备安全法》规定的施工起重机械，在验收前应当经有相应资质的检验检测机构监督检验合格。

施工单位应当自施工起重机械和整体提升脚手架、模板等自升式架设设施验收合格之日起30日内，向建设行政主管部门或者其他有关部门登记。登记标志应当置于或者附着于该设备的显著位置。

第三十六条 施工单位的主要负责人、项目负责人、专职安全生产管理人员应当经建设行政主管部门或者其他有关部门考核合格后方可任职。

施工单位应当对管理人员和作业人员每年至少进行一次安全生产教育培训，其教育培训情况记入个人工作档案。安全生产教育培训考核不合格的人员，不得上岗。

第三十七条 作业人员进入新的岗位或者新的施工现场前，应当接受安全生产教育培训。未经教育培训或者教育培训考核不合格的人员，不得上岗作业。

施工单位在采用新技术、新工艺、新设备、新材料时，应当对作业人员进行相应的安全生产教育培训。

第三十八条 施工单位应当为施工现场从事危险作业的人员办理意外伤害保险。

意外伤害保险费由施工单位支付。实行施工总承包的，由总承包单位支付意外伤害保险费。意外伤害保险期限自建设工程开工之日起至竣工验收合格止。

第四十八条 施工单位应当制定本单位生产安全事故应急救援预案，建立应急救援组织或者配备应急救援人员，配备必要的应急救援器材、设备，并定期组织演练。

第四十九条 施工单位应当根据建设工程施工的特点、范围，对施工现场易发生重大事故的部位、环节进行监控，制定施工现场生产安全事故应急救援预案。实行施工总承包的，由总承包单位统一组织编制建设工程生产安全事故应急救援预案，工程总承包单位和分包单位按照应急救援预案，各自建立应急救援组织或者配备应急救援人员，配备救援器材、设备，并定期组织演练。

第五十条 施工单位发生生产安全事故，应当按照国家有关伤亡事故报告和调查处理的规定，及时、如实地向负责安全生产监督管理的部门、建设行政主管部门或者其他有关部门报告；特种设备发生事故的，还应当同时向特种设备安全监督管理部门报告。接到报告的部门应当按照国家有关规定，如实上报。

实行施工总承包的建设工程，由总承包单位负责上报事故。

第五十一条 发生生产安全事故后，施工单位应当采取措施防止事故扩大，保护事故现场。需要移动现场物品时，应当做出标记和书面记录，妥善保管有关证物。

第五十二条 建设工程生产安全事故的调查、对事故责任单位和责任人的处罚与处理，按照有关法律、法规的规定执行。

第六十二条 违反本条例的规定，施工单位有下列行为之一的，责令限期改正；逾期未改正的，责令停业整顿，依照《中华人民共和国安全生产法》的有关规定处以罚款；造成重大安全事故，构成犯罪的，对直接责任人员，依照刑法有关规定追究刑事责任：

（1）未设立安全生产管理机构、配备专职安全生产管理人员或者分部分项工程施工时无专职安全生产管理人员现场监督的；

（2）施工单位的主要负责人、项目负责人、专职安全生产管理人员、作业人员或者特种作业人员，未经安全教育培训或者经考核不合格即从事相关工作的；

（3）未在施工现场的危险部位设置明显的安全警示标志，或者未按照国家有关规定在施工现场设置消防通道、消防水源、配备消防设施和灭火器材的；

（4）未向作业人员提供安全防护用具和安全防护服装的；

（5）未按照规定在施工起重机械和整体提升脚手架、模板等自升式架设设施验收合格后登记的；

（6）使用国家明令淘汰、禁止使用的危及施工安全的工艺、设备、材料的。

第六十四条 违反本条例的规定，施工单位有下列行为之一的，责令限期改正；逾期未改正的，责令停业整顿，并处5万元以上10万元以下的罚款；造成重大安全事故，构成犯罪的，对直接责任人员，依照刑法有关规定追究刑事责任：

（1）施工前未对有关安全施工的技术要求做出详细说明的；

（2）未根据不同施工阶段和周围环境及季节、气候的变化，在施工现场采取相应的安全施工措施，或者在城市市区内的建设工程其施工现场未实行封闭围挡的；

（3）在尚未竣工的建筑物内设置员工集体宿舍的；

（4）施工现场临时搭建的建筑物不符合安全使用要求的；

（5）未对因建设工程施工可能造成损害的毗邻建筑物、构筑物和地下管线等采取专项防护措施的。

施工单位有前款规定第（4）项、第（5）项行为，造成损失的，依法承担赔偿责任。

第六十五条 违反本条例的规定，施工单位有下列行为之一的，责令限期改正；逾期未改正的，责令停业整顿，并处10万元以上30万元以下的罚款；情节严重的，降低资质等级，直至吊销资质证书；造成重大安全事故，构成犯罪的，对直接责任人员，依照刑法有关规定追究刑事责任；造成损失的，依法承担赔偿责任：

（1）安全防护用具、机械设备、施工机具及配件在进入施工现场前未经查验或者查验不合格即投入使用的；

（2）使用未经验收或者验收不合格的施工起重机械和整体提升脚手架、模板等自升式架设设施的；

（3）委托不具有相应资质的单位承担施工现场安装、拆卸施工起重机械和整体提升脚手架、模板等自升式架设设施的；

（4）在施工组织设计中未编制安全技术措施、施工现场临时用电方案或者专项施工方案的。

考点五：《安全生产许可证条例》

第二条 国家对矿山企业、建筑施工企业和危险化学品、烟花爆竹、民用爆破器材生产企业（以下统称企业）实行安全生产许可制度。

企业未取得安全生产许可证的，不得从事生产活动。

第四条 国务院建设主管部门负责中央管理的建筑施工企业安全生产许可证的颁发和管理。

省、自治区、直辖市人民政府建设主管部门负责前款规定以外的建筑施工企业安全生产许可证的颁发和管理，并接受国务院建设主管部门的指导和监督。

第六条 企业取得安全生产许可证，应当具备下列安全生产条件：

（1）建立、健全安全生产责任制，制定完备的安全生产规章制度和操作规程；

（2）安全投入符合安全生产要求；

（3）设置安全生产管理机构，配备专职安全生产管理人员；

（4）主要负责人和安全生产管理人员经考核合格；

（5）特种作业人员经有关业务主管部门考核合格，取得特种作业操作资格证书；

（6）从业人员经安全生产教育和培训合格；

（7）依法参加工伤保险，为从业人员缴纳保险费；

（8）厂房、作业场所和安全设施、设备、工艺符合有关安全生产法律、法规、标准和规程的要求；

（9）有职业危害防治措施，并为从业人员配备符合国家标准或者行业标准的劳动防护用品；

（10）依法进行安全评价；

（11）有重大危险源检测、评估、监控措施和应急预案；

（12）有生产安全事故应急救援预案、应急救援组织或者应急救援人员，配备必要的应急救援器材、设备；

（13）法律、法规规定的其他条件。

第九条 安全生产许可证的有效期为3年。安全生产许可证有效期满需要延期的，企业应当于期满前3个月向原安全生产许可证颁发管理机关办理延期手续。

企业在安全生产许可证有效期内，严格遵守有关安全生产的法律法规，未发生死亡事故的，安全生产许可证有效期届满时，经原安全生产许可证颁发管理机关同意，不再审查，安全生产许可证有效期延期3年。

考点六：《生产安全事故报告和调查处理条例》

一、事故分级

第三条 根据生产安全事故（以下简称事故）造成的人员伤亡或者直接经济损失，事故一般分为以下等级：

（1）特别重大事故，是指造成30人以上死亡，或者100人以上重伤（包括急性工业中毒，下同），或者1亿元以上直接经济损失的事故；

（2）重大事故，是指造成10人以上30人以下死亡，或者50人以上100人以下重伤，或者 5000 万元以上 1 亿元以下直接经济损失的事故；

（3）较大事故，是指造成 3 人以上 10 人以下死亡，或者 10 人以上 50 人以下重伤，或者 1000 万元以上 5000 万元以下直接经济损失的事故；

（4）一般事故，是指造成 3 人以下死亡，或者 10 人以下重伤，或者 1000 万元以下直接经济损失的事故。

本条第一款所称的“以上”包括本数，所称的“以下”不包括本数。

二、事故报告

第九条 事故发生后，事故现场有关人员应当立即向本单位负责人报告；单位负责人接到报告后，应当于 1 小时内向事故发生地县级以上人民政府安全生产监督管理部门和负有安全生产监督管理职责的有关部门报告。

情况紧急时，事故现场有关人员可以直接向事故发生地县级以上人民政府安全生产监督管理部门和负有安全生产监督管理职责的有关部门报告。

第十条 安全生产监督管理部门和负有安全生产监督管理职责的有关部门接到事故报告后，应当依照下列规定上报事故情况，并通知公安机关、劳动保障行政部门、工会和人民检察院：

（1）特别重大事故、重大事故逐级上报至国务院安全生产监督管理部门和负有安全生产监督管理职责的有关部门；

（2）较大事故逐级上报至省、自治区、直辖市人民政府安全生产监督管理部门和负有安全生产监督管理职责的有关部门；

（3）一般事故上报至设区的市级人民政府安全生产监督管理部门和负有安全生产监督管理职责的有关部门。

安全生产监督管理部门和负有安全生产监督管理职责的有关部门依照前款规定上报事故情况，应当同时报告本级人民政府。国务院安全生产监督管理部门和负有安全生产监督管理职责的有关部门以及省级人民政府接到发生特别重大事故、重大事故的报告后，应当立即报告国务院。

必要时，安全生产监督管理部门和负有安全生产监督管理职责的有关部门可以越级上报事故情况。

第十一条 安全生产监督管理部门和负有安全生产监督管理职责的有关部门逐级上报事故情况，每级上报的时间不得超过 2 小时。

第十二条 报告事故应当包括下列内容：

（1）事故发生单位概况；

（2）事故发生的时间、地点以及事故现场情况；

（3）事故的简要经过；

（4）事故已经造成或者可能造成的伤亡人数（包括下落不明的人数）和初步估计的直接经济损失；

（5）已经采取的措施；

（6）其他应当报告的情况。

第十四条 事故发生单位负责人接到事故报告后，应当立即启动事故相应应急预案，或者采取有效措施，组织抢救，防止事故扩大，减少人员伤亡和财产损失。

第十六条 事故发生后，有关单位和人员应当妥善保护事故现场以及相关证据，任何单位和个人不得破坏事故现场、毁灭相关证据。

因抢救人员、防止事故扩大以及疏通交通等原因，需要移动事故现场物件的，应当做出标志，绘制现场简图并做出书面记录，妥善保存现场重要痕迹、物证。

三、事故调查

第十九条 特别重大事故由国务院或者国务院授权有关部门组织事故调查组进行调查。

重大事故、较大事故、一般事故分别由事故发生地省级人民政府、设区的市级人民政府、县级人民政府负责调查。省级人民政府、设区的市级人民政府、县级人民政府可以直接组织事故调查组进行调查，也可以授权或者委托有关部门组织事故调查组进行调查。

未造成人员伤亡的一般事故，县级人民政府也可以委托事故发生单位组织事故调查组进行调查。

第二十二条 事故调查组的组成应当遵循精简、效能的原则。

根据事故的具体情况，事故调查组由有关人民政府、安全生产监督管理部门、负有安全生产监督管理职责的有关部门、监察机关、公安机关以及工会派人组成，并应当邀请人民检察院派人参加。

事故调查组可以聘请有关专家参与调查。

第二十五条 事故调查组履行下列职责：

(1) 查明事故发生的经过、原因、人员伤亡情况及直接经济损失；

(2) 认定事故的性质和事故责任；

(3) 提出对事故责任者的处理建议；

(4) 总结事故教训，提出防范和整改措施；

(5) 提交事故调查报告。

第二十九条 事故调查组应当自事故发生之日起 60 日内提交事故调查报告；特殊情况下，经负责事故调查的人民政府批准，提交事故调查报告的期限可以适当延长，但延长的期限最长不超过 60 日。

第三十条 事故调查报告应当包括下列内容：

(1) 事故发生单位概况；

(2) 事故发生经过和事故救援情况；

(3) 事故造成的人员伤亡和直接经济损失；

(4) 事故发生的原因和事故性质；

(5) 事故责任的认定以及对事故责任者的处理建议；

(6) 事故防范和整改措施。

四、事故处理

第三十二条 重大事故、较大事故、一般事故，负责事故调查的人民政府应当自收到事故调查报告之日起 15 日内做出批复；特别重大事故，30 日内做出批复，特殊情况下，批复时间可以适当延长，但延长的时间最长不超过 30 日。

有关机关应当按照人民政府的批复，依照法律、行政法规规定的权限和程序，对事故发生单位和有关人员进行行政处罚，对负有事故责任的国家工作人员进行处分。

事故发生单位应当按照负责事故调查的人民政府的批复，对本单位负有事故责任的人员进行处理。

负有事故责任的人员涉嫌犯罪的，依法追究刑事责任。

第二节 安全管理经典考题

案 例 一

【2019 建筑（二）部分内容】

背景资料：

基坑施工前，基坑支护专业施工单位编制了基坑支护专项方案，履行相关审批签字手续后，组织包括总承包单位技术负责人在内的5名专家对该专项方案进行专家论证，总监理工程师提出专家论证组织不妥，要求整改。

问题：

指出基坑支护专项方案论证的不妥之处，应参加专家论证会的单位还有哪些？

答案：

（本小题6.0分）

（1）不妥之处：组织包括总承包单位技术负责人在内的5名专家对该专项方案进行专家论证。（1.0分）

正确做法：专家组成员人数应当为5人以上，且本项目的参建各方的人员不得以专家的身份参加专家论证。（1.0分）

（2）还应当参加论证的单位有：建设单位、监理单位、勘察单位、设计单位。（4.0分）

案 例 二

【2018 建筑（五）部分内容】

背景资料：

一新建工程，地下2层，地上20层，高度70m，建筑面积40000m^2，标准层平面为40m×40m。项目部根据施工条件和需求，按照施工机械设备选择的经济性等原则，采用单位工程量成本比较法选择确定了塔吊型号。施工总承包单位根据项目部制定的安全技术措施、安全评价等安全管理内容提取了项目安全生产费用。

项目部在“×工程施工组织设计”中制定了临边作业、攀登与悬空作业等高处作业项目安全技术措施。

在一次塔吊起吊荷载达到其额定起重量95%的起吊作业中，安全人员让操作人员先将重物吊起离地面15cm然后对重物的平稳性、设备和绑扎等各项内容进行了检查，确认安全后同意其继续起吊作业。

问题：

1.施工机械设备选择的原则和方法分别还有哪些？当塔吊起重荷载达到额定起重量90%以上对起重设备和重物的检查项目有哪些？

2.安全生产费用还应包括哪些内容？需要在施工组织设计中制定安全技术措施的高处

作业项还有哪些？

答案：

1.（每项 3.0 分，总分 6.0 分）

（1）施工机械设备选择的原则：适应性、高效性、稳定性、安全性（经济性）。

方法：单位工程量成本比较法、折算费用法（等值成本法）、界限时间比较法和综合评分法等。

（2）检查项目：起重机的稳定性、制动器的可靠性、重物的平稳性、绑扎的牢固性。

2.（每项 3.0 分，总分 6.0 分）

（1）安全生产费用包括：（安全技术措施）、安全教育培训、劳动保护、应急准备等，以及必要的安全评价、监测、检测、论证所需费用。

（2）高处作业项：（临边作业）、洞口作业、（攀登与悬空作业）、操作平台、交叉作业及安全防护网搭设。

案　例　三

【2017 建筑（三）部分内容】

背景资料：

某新建仓储工程，建筑面积 8000m²，地下 1 层，地上 1 层，采用钢筋混凝土筏板基础，建筑高度 12m；地下室为钢筋混凝土框架结构，地上部分为钢结构；筏板基础混凝土等级为 C30，内配双层钢筋网、主筋为 Φ20 螺纹钢，基础筏板下三七灰土夯实，无混凝土垫层。

屋面梁安装过程中，发生两名施工人员高处坠落事故，一人死亡，当地人民政府接到事故报告后，按照事故调查规定组织安全生产监督管理部门、公安机关等相关部门指派的人员和两名专家组成事故调查组。调查组检查了项目部制定的项目施工安全检查制度，其中规定了项目经理至少每旬组织开展一次定期安全检查，专职安全管理人员每天进行巡视检查。调查组认为项目部经常性安全检查制度规定内容不全，要求完善。

问题：

判断此次高处坠落事故等级，事故调查组还应有哪些单位或部门指派人员参加？

答案：

（本小题 6.0 分）

（1）事故等级：一般事故；（1.0 分）

理由：根据相关规定，3 人以下死亡、10 人以下重伤、1000 万以下直接经济损失的事故为一般事故。（1.0 分）

（2）事故调查组还应有：负有安全管理职责的部门、监察机关、工会、人民检察院派员参加。（4.0 分）

案　例　四

【2016 建筑（三）部分内容】

背景资料：

某新建工程，建筑面积 15000m²，地下 2 层，地上 5 层，钢筋混凝土框架结构采用

800mm 厚钢筋混凝土筏板基础，建筑总高 20m。建设单位与某施工总承包单位签订了总承包合同。施工总承包单位将建设工程的基坑工程分包给了建设单位指定的专业分包单位。

施工总承包单位项目经理部成立了安全生成领导小组，并配备了 3 名土建类专业安全员，项目经理部对现场的施工安全危险源进行了分辨识别。编制了项目现场防汛应急救援预案，按规定履行了审批手续，并要求专业分包单位按照应急救援预案进行一次应急演练。专业分包单位以没有配备相应救援器材和难以现场演练为由拒绝。总承包单位要求专业分包单位根据国家和相关规定进行整改。

项目经理组织参见各方人员进行高处作业专项安全检查。检查内容包括安全帽、安全网、安全带、悬挑式物料平台等。监理工程师认为检查项目不全面，要求按照《建筑施工安全检查标准》予以补充。

问题：

1.本工程至少应配置几名专职安全员？根据《建筑施工企业主要负责人、项目负责人和专职安全生产管理人员安全生产管理规定》，专职安全员配置是否妥当？并说明理由。

2.对施工总承包单位编制的防汛应急救援预案，专业承包单位应该如何执行？

3.按照《建筑施工安全检查标准》JGJ 59—2011，现场高处作业检查的项目还应补充哪些？

答案：

1.（本小题 5.0 分）

（1）至少配备 2 名专职安全员。（1.0 分）

（2）专职安全员的配置不妥当。依据相关规定，建筑面积在 1 万～5 万 m^2 之间的应配备 2 名综合类专职安全员，本工程建筑面积 15000m^2，只配备了 3 名土建类安全员不妥。（4.0 分）

2.（本小题 5.0 分）

专业分包单位应：

（1）成立防汛应急组织或配备应急救援人员；（1.0 分）

（2）配备防汛救援器材、设备；（1.0 分）

（3）组织相关人员学习防汛应急预案；（1.0 分）

（4）进行应急人员的专项培训；（1.0 分）

（5）配合总包单位做好防汛应急救援预案的演练。（1.0 分）

3.（本小题 6.0 分，每项 1.0 分）

高处作业检查的项目还有：临边防护、洞口防护、通道口防护、攀登作业、悬空作业、移动式操作平台。

案 例 五

【2014 建筑（三）】

背景资料：

某新建站房工程，建筑面积 56500m^2，地下 1 层，地上 3 层，框架结构，建筑总高

24m。总承包单位搭设了双排扣件式钢管脚手架（高度 25m），在施工过程中有大量材料堆放在脚手架上面，结果发生了脚手架坍塌事故，造成 1 人死亡、4 人重伤、1 人轻伤，直接经济损失 600 多万元。事故调查中发现下列事件：

事件 1：经检查，本工程项目经理持有一级注册建造师证书和安全考核资格证书（B 证），电工、电气焊工、架子工持有特种作业操作资格证书。

事件 2：项目部编制的重大危险源控制系统文件中，包含有重大危险源的辨识、重大危险源的管理、工厂选址和土地使用规划等内容，调查组要求补充完善。

事件 3：双排脚手架连墙件被施工人员拆除了两处；双排脚手架同一区段，上下两层的脚手板堆放的材料重量均超过 $3kN/m^2$。项目部对双排脚手架在基础完成后，架体搭设前，搭设到设计高度后，每次大风、大雨后等情况下均进行了阶段检查和验收，并形成书面检查记录。

问题：

1. 事件 1 中，施工企业还有哪些人员需要取得安全考核资格证书及其证书类别与建筑起重作业相关的特种作业人员有哪些？

2. 事件 2 中，重大危险源控制系统还应有哪些组成部分？

3. 指出事件 3 中的不妥之处。脚手架还有哪些情况下也要进行阶段检查和验收？

4. 生产安全事故有哪几个等级？本事故属于哪个等级？

答案：

1.（本小题 6.0 分）

事件 1 中，施工企业主要负责人（A 证）；（1.0 分）

项目专职安全生产管理人员（C 证）。（1.0 分）

与建筑业有关的特种作业人员还有：

起重机安拆工；（1.0 分）

起重机械司机；（1.0 分）

起重机司索工；（1.0 分）

信号工。（1.0 分）

2.（本小题 4.0 分）

重大危险源控制系统还包括：

重大危险源的评价；（1.0 分）

重大危险源的安全报告；（1.0 分）

事故应急救援预案；（1.0 分）

重大危险源的监察等内容。（1.0 分）

3.（本小题 6.0 分）

事件 3 不妥之处有：

（1）“双排脚手架连墙杆被施工人员拆除了两处”不妥；（0.5 分）

理由：双排脚手架连墙杆在施工过程中不能拆除。（0.5 分）

（2）“双排脚手架同一区段上下两层堆放材料均超过 $3kN/m^2$”不妥；（0.5 分）

理由：根据《建筑施工扣件式钢管脚手架安全技术规范》JGJ 130—2011 中第 4.2.3 条规定，当在双排脚手架上同时有 2 个及以上操作层作业时，在同一个跨距内各操作层的

施工均布荷载标准值总和不得超过 5.0kN/m^2。 (0.5 分)

(3)“每次大风、大雨均进行检查验收”不妥; (0.5 分)

理由:遇有六级大风与大雨后进行检查验收。 (0.5 分)

脚手架以下情况下需要进行阶段检查和验收:

(1)作业层上施加荷载前; (1.0 分)

(2)每搭设完 6～8m 高度; (1.0 分)

(3)停用超过一个月。 (1.0 分)

4.(本小题 4.0 分)

生产安全事故分为:特别重大事故、重大事故、较大事故、一般事故四个等级。 (2.0 分)

本事故 1 人死亡、4 人重伤,直接经济损失 600 多万元,属于一般事故。 (2.0 分)

案 例 六

【2017 市政(一)部分内容】

背景资料:

某施工单位承建城镇道路改扩建工程,全长 2km,工程项目主要包括:(1)原机动车道的旧水泥混凝土路面加铺沥青混凝土面层;(2)原机动车道两侧加宽、新建非机动车道和人行道;(3)新建人行天桥一座,人行天桥桩基共设计 12 根,为人工挖孔灌注桩,改扩建道路平面布置如图 7.2.1 所示,灌注桩的桩径、桩长见表 7.2.1。

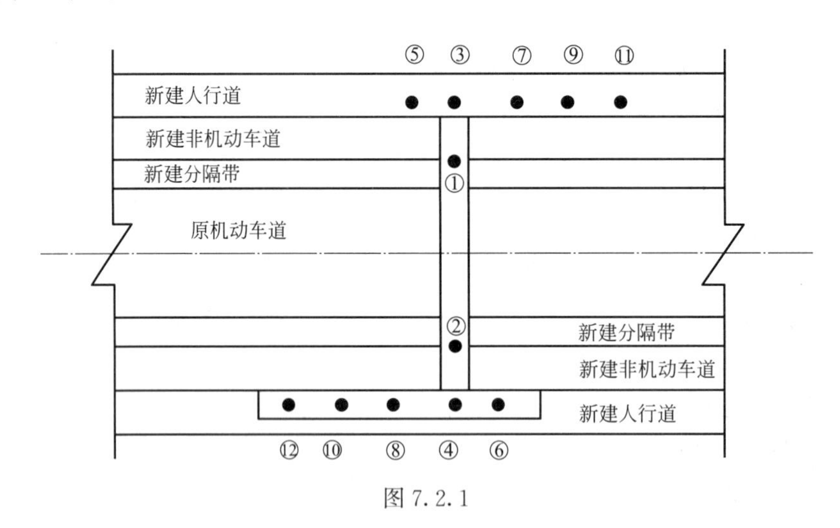

图 7.2.1

表 7.2.1

桩号	桩径(mm)	桩长(m)
①②③④	1200	21
其他	1000	18

施工过程中发生了如下事件:

事件 1:项目部将原已获批的施工组织设计中的施工部署:非机动车道(双侧)→人行道(双侧)→挖孔桩→原机动车道加铺,改为:挖孔桩→非机动车道(双侧)→人行道

（双侧）→原机动车道加铺。

事件2：项目部编制了人工挖孔桩专项施工方案，经施工单位总工程师审批后上报总监理工程师申请开工，被总监理工程师退回。

问题：

1.事件1中，项目部改变施工部署需要履行哪些手续？

2.写出事件2中专项施工方案被退回的原因。

答案：

1.（本小题4.0分）

项目部改变施工部署应该按照原施工组织设计重新进行审批；（1.0分）

即重新报单位技术负责人审批；（1.0分）

加盖企业公章，报总监理工程师；（1.0分）

签字审批后报建设单位项目负责人签字审批。（1.0分）

2.（本小题4.0分）

人工挖孔桩深度大于16m，应经专家论证，论证后报单位技术负责人审批后报监理单位申请开工。（2.0分）

案　例　七

【2015市政（四）部分内容】

背景资料：

某公司中标污水处理厂升级改造工程，处理规模为70万m^3/d。其中包括中水处理系统，中水处理系统的配水井为矩形钢筋混凝土半地下室结构，平面尺寸17.6m×14.4m，高11.8m，设计水深9m；底板、顶板厚度分别为1.1m、0.25m。

事件3：项目部识别了现场施工的主要危险源，其中配水井施工现场主要易燃易爆物体包括脱模剂、油漆稀释料……项目部针对危险源编制了应急预案，给出了具体预防措施。

问题：

事件3中，现场的易燃易爆物体危险源还应包括哪些？

答案：

（本小题5.0分，每项1.0分）

现场的易燃易爆物体危险源还应包括：挖掘机燃油、木工车间木屑、木模板、氧气瓶、乙炔瓶等。

案　例　八

【2014市政（四）部分内容】

背景资料：

某市政工程公司承建城市主干道改造工程标段，合同金额为9800万元。工程主要内容为：主线高架桥梁、匝道桥梁、挡土墙及引道，桥梁基础采用钻孔灌注桩。上部结构为预应力混凝土连续箱梁，采用满堂支架法现浇施工。边防撞护栏为钢筋混凝土结构。

施工期间发生了如下事件：项目部进场后配备了专职安全管理人员，并为承重支模架编制了专项安全应急预案，应急预案的主要内容有：事故类型和危害程度分析、应急处置基本原则预防与预警、应急处置等。

问题：

本工程至少应配备几名专职安全员？说明理由。

答案：

（本小题 4.0 分）

本工程至少应配备 2 名专职安全员。（1.0 分）

相关规定如下：土木工程、线路工程、设备安装工程按照合同价配备：5000 万元以下的工程不少于 1 人；5000 万～1 亿元的工程不少于 2 人；1 亿元及以上的工程不少于 3 人，且按专业配备专职安全员。（2.0 分）

因此，本工程合同价为 9800 万元，属于 5000 万～1 亿元的工程，故需配备至少 2 名专职安全员。（1.0 分）

案 例 九

【2017 机电（一）部分内容】

背景资料：

按合同规定，该施工单位投保建筑安装工程一切险和第三者责任险，保险费由该施工单位承担。为了控制风险，施工单位组织了风险识别、风险评估，对主要风险采取风险规避等风险防范对策。根据风险控制要求，由于工期紧，正值雨季，采购设备数量多，价值高，施工单位对采购本合同工程的设备材料，根据海运、陆运、水运和空运等运输方式，投保运输一切险。在签订采购合同时明确由供应商负责购买并承担保费，按设备材料价格投保，保险区段为供应商仓库到现场交货为止。

问题：

风险防范对策除了风险规避外还有哪些？该施工单位将运输一切险交由供货商负责属于何种风险防范对策？

答案：

（本小题 4.0 分）

（1）风险防范对策还有：

1）风险自留；（1.0 分）

2）风险转移；（1.0 分）

3）风险降低。（1.0 分）

（2）将运输一切险交由供货商负责属于风险转移。（1.0 分）

案 例 十

【2015 机电（一）部分内容】

背景资料：

施工中项目部按规定多次对施工现场进行安全检查，仍反复出现设备吊装指挥信号不明确或多人同时指挥；个别电焊工无证上岗，雨天高空作业；临时楼梯未设护栏等多项安全隐患。项目部经认真分析总结，认为是施工现场安全检查未抓住重点，经整改后效果明显。

问题：

根据背景资料，归纳施工现场安全检查的重点。

答案：

（本小题 3.0 分）

安全检查的重点是：违章指挥（1.0 分）、违章作业（1.0 分）、直接作业环节的安全保证措施（1.0 分）。

（如：设备吊装指挥信号不明确或多人同时指挥；个别电焊工无证上岗；雨天高空作业；临时楼梯未设置护栏等）

案 例 十 一

【2016 水利（一）】

背景资料：

某水库枢纽工程由大坝、溢洪道、电站及灌溉引水洞等建筑物组成。水库总库容 2.6×108m^3，电站装机容量 12 万 kW；大坝为碾压土石坝，最大坝高 37m；灌溉引水洞引水流量 45m^3/s；溢洪道控制段共 3 孔，每孔净宽 8.0m，采用平面钢闸门配卷扬式启闭机。某施工单位承担该枢纽工程施工，工程施工过程中发生如下事件：

事件 1：为加强工程施工安全生产管理，施工单位在施工现场配备了专职安全生产管理人员，并明确了本项目的安全施工责任人。

事件 2：某天夜间施工时，一名工人不慎从距离地面 16.0m 高的脚手架上坠地死亡。事故发生后，项目法人立即组织联合调查组对事故进行调查，并根据水利部《贯彻质量发展纲要提升水利工程质量的实施意见》（水建管〔2012〕581 号）中的“四不放过”原则进行处理。

事件 3：电站基坑开挖前，施工单位编制了施工措施计划，其部分内容如下：

（1）施工用电由系统电网接入，现场安装变压器一台；

（2）基坑采用 1∶1.5 坡比明挖施工，基坑深度 9.5m；

（3）站房墩墙施工采用钢管脚手架支撑，中间设施工通道；

（4）混凝土浇筑采用塔式起重机进行垂直运输。

问题：

1. 说明本水库工程的规模、等别及项目负责人应具有的建造师级别。

2. 根据《水利工程建设安全生产管理规定》，事件 1 中本项目的安全施工责任人是谁？专职安全生产管理人员的职责是什么？

3. 简要说明什么是高处作业，指出事件 2 中高处作业的级别和种类。

4. 说明事件 2 中“四不放过”原则的具体要求。

5. 在事件 3 中涉及的工程部位中，哪些应设置安全警示标志？

答案：

1.（本小题 3.0 分）

本水库工程规模为大（2）型（1.0 分），工程等别为Ⅱ等（1.0 分），项目负责人应具有水利水电工程专业一级注册建造师（1.0 分）。

2.(本小题 4.0 分)

安全施工责任人是项目经理（或项目负责人）。(1.0 分)

专职安全员的职责是：

(1) 负责对安全生产进行现场监督检查；(1.0 分)

(2) 发现生产安全事故隐患，应当及时向项目负责人和安全生产管理机构报告；(1.0 分)

(3) 对违章指挥、违章操作的，应当立即制止。(1.0 分)

3.(本小题 4.0 分)

凡在坠落高度基准面 2m 和 2m 以上有可能坠落的高处进行作业，均称为高处作业(2.0 分)。事件 2 中高处作业的级别为三级高处作业（1.0 分），种类是特殊高处作业中的夜间高处作业（1.0 分）。

4.(本小题 4.0 分)

“四不放过”原则的具体要求为：

(1) 事故原因不查清楚不放过；(1.0 分)

(2) 主要事故责任者和周围群众未受到教育不放过；(1.0 分)

(3) 没有制定纠正和预防措施不放过；(1.0 分)

(4) 责任人员未受到处理不放过。(1.0 分)

5.(本小题 5.0 分，每项 0.5 分)

应设置安全警示标志的位置：施工现场入口处，施工起重机械，临时用电设施，脚手架，四口（出入通道口、楼梯口、电梯井口、孔洞口），基坑边沿，爆破物及有害危险气体和液体存放处等危险部位。

案 例 十 二

【2019 公路（二）（四）部分内容】

背景资料：

事件 1：施工单位对滑坡地段施工编制了滑坡防治专项施工方案以及滑坡监测方案，通过相关专家评审。施工中发生如下事件：

施工单位针对该项目特点编制了应急预案，在应急预案公布之日起 1 个月内，向单位所在地安全生产监督管理部门和有关部门进行告知性备案，并提交相关材料。

事件 2：某施工单位承建了一座桥梁工程。施工单位建立了应急预案体系，编制了应急预案，并进行了评审。

问题：

1.指出事件 1 中对应急预案告知性备案做法的错误之处，并改正。

2.写出事件 2 中应急预案体系的组成，应急预案评审人员除桥梁专家外还应包括哪些方面的专家？

答案：

1.(本小题 4.0 分)

错误之处：在应急预案公布之日起 1 个月内，向单位所在地安全生产监督管理部门和

有关部门进行告知性备案，并提交相关材料。（2.0分）

改正：在应急预案公布之日起20个工作日内，向属地安全生产监督管理部门和有关部门备案。（2.0分）

2.（本小题5.0分）

（1）体系组成：①综合应急预案；②专项应急预案；③现场处置方案。（3.0分）

（2）评审专家：①安全生产方面的专家；②应急管理方面的专家。（2.0分）

案 例 十 三

【2016公路（二）部分内容】

背景资料：

某施工单位承建了一段路基工程，其中K18+220～K18+430设置了一段挡土墙，路基填方高度最高为11m。

路基工程施工前项目部进行了技术交底，技术交底工作由项目经理组织，项目总工程师主持实施，向项目部、分包单位的全体施工技术人员和班组进行交底，交底人员和参会人员双方签字确认。

问题：

项目部组织技术交底的方式是否正确？说明理由。

答案：

（本小题5.0分，每项1.0分）

不正确。（1.0分）

理由：技术交底应分级进行、分级管理。（1.0分）

（1）凡技术复杂的重点工程、重点部位，由总工程师向主任工程师、技术队长及有关职能部门负责人交底；（1.0分）

（2）施工队一级的技术交底，由施工技术队长负责向技术员、施工员、质量检查员、安全员以及班组长进行交底；（1.0分）

（3）施工员向班组进行交底。（1.0分）

案 例 十 四

【2018通信与广电（三）部分内容】

背景资料：

某施工单位承揽了一项3G通信基站设备安装工程，包括100个3G基站的设备、天馈线及楼顶抱杆安装，施工前，项目经理组织所有操作人员召开了安全技术交流会，安全员就作业特点和危险因素，根据危险因素制定的预防措施以及施工中应注意的安全事项进行了讲解，项目部综合管理人员进行记录，会议结束后经理在交底记录上签字。

施工过程中，项目部按计划组织了施工现场检查，其中两个现场情况如下：

A站现场：现场有村民站在警示带外围观施工作业，戴着安全帽的队长正在警示带内指挥；铁塔平台上，未戴安全帽的作业人员甲正把安全带系在天线抱杆上；戴着安全帽的作业人员乙正紧跟未戴安全帽的作业人员丙上塔。

问题：

1.列出本工程中应持证上岗的人员及证件名称。

2.指出安全技术交底的不妥之处，说明正确做法。

3.指出A站作业人员违规之处。

答案：

1.(本小题5.0分)

通信建设工程施工企业主要负责人应取得企业负责人《通信工程施工企业管理人员安全生产考核合格证书》； (1.0分)

通信建设工程施工企业项目负责人应取得《中华人民共和国一级建造师注册证书》(通信与广电专业)； (1.0分)

项目负责人应取得《通信工程施工企业管理人员安全生产考核合格证书》； (1.0分)

通信建设工程施工企业专职安全生产管理人员应取得专职安全生产管理人员《通信工程施工企业管理人员安全生产考核合格证书》； (1.0分)

从事通信工程电工作业、金属焊接作业及登高架设作业的人员应取得各专业的《特种作业操作证》。 (1.0分)

2.(本小题8.0分)

不妥之处一：交底人错误，由安全员进行交底不妥。 (1.0分)

正确做法：应该由负责项目管理的技术人员进行交底。 (1.0分)

不妥之处二：被交底人错误，仅对操作人员交底不妥。 (1.0分)

正确做法：应该对施工作业班组、作业人员交底，要覆盖到所有人员。 (1.0分)

不妥之处三：仅由项目经理签字不妥。 (1.0分)

正确做法：交底记录应由交底人和被交底人签字。 (1.0分)

不妥之处四：交底内容不全。 (1.0分)

正确做法：还应该交底的内容有：《安全生产操作规程》及发生事故后应采取的应急措施及方法。 (1.0分)

3.(本小题4.0分)

(1) 队长在警示带内指挥；现场村民在带外围观。 (1.0分)

(2) 施工队员甲、丙违章作业。施工人员未戴安全帽。 (1.0分)

(3) 甲将安全带拴在天线抱杆上，违章作业。 (1.0分)

(4) 两人同时上下塔时未保持一定距离。 (1.0分)

案 例 十 五

(综合)

背景资料：

某工程，建设单位通过公开招标，与甲施工单位签订了施工总承包合同，依据施工合同约定，甲通过招标将钢结构工程依法分包给乙施工单位。

施工过程中发生了如下事件：

事件1：甲施工单位项目经理安排技术员兼任施工现场安全员，并安排其编制深基坑支护与降水工程专项施工方案，项目经理对该施工方案进行安全估算后，即组织现场施工，并将施工方案报送了项目监理机构。

事件2：为了满足钢结构吊装施工的需要，甲施工单位向设备租赁公司租用了一台大型起重塔吊，委托了一家具有相应资质的安装单位进行塔吊安装，安装完成后，由甲、乙施工单位对该塔吊共同进行了验收，验收合格后投入使用，并在30日内到有关部门进行了登记。

事件3：钢结构施工中，专监在现场发现乙使用的高强螺栓未经报验，存在严重的安全隐患，即向乙签发了《工程暂停令》，并报告了总监。甲得知后也要求乙立即停工整改，乙为赶工期，边施工边报验，项目监理机构及时报告了有关主管部门。报告发出的当天，发生了因高强螺栓不符合质量标准导致的钢梁高空坠落事故，造成3人死亡、1人重伤。

事件4：事故发生1小时后，项目经理向单位负责人报告了事故情况，单位负责人依法向有关行政主管部门进行了报告。工程所在地的县级人民政府委托事故发生单位组织事故调查组进行了事故调查。

问题：

1.在事件1中，指出项目经理做法的不妥之处，写出正确做法。

2.对于事件2，指出塔吊验收中的不妥之处，并说明理由。

3.在事件3中专监做法是否妥当？说明理由。在上述安全事故中，甲、乙施工单位各应承担什么责任？说明理由。

4.指出事件4中的不妥之处，说明原因。

5.简述事故调查报告的内容。

答案：

1.（本小题7.5分）

（1）“安排技术员兼任施工现场安全员”不妥；（0.5分）

正确做法：施工现场应配备专职安全管理人员。（1.0分）

（2）“安排其编制深基坑支护与降水工程专项施工方案”不妥；（0.5分）

正确做法：应由施工单位的相关部门或项目经理组织编制深基坑支护与降水工程专项施工方案，并由施工单位组织专家进行论证审查。（1.0分）

（3）“项目经理对该施工方案进行安全估算”不妥；（0.5分）

正确做法：应由专项施工方案编制人员对施工方案进行安全验算。（1.0分）

（4）“即组织现场施工”不妥；（0.5分）

正确做法：施工方案经论证审查合格，并由施工单位技术负责人和总监签字后，方可组织施工。（1.0分）

（5）“将施工方案报送了项目监理机构”不妥；（0.5分）

正确做法：深基坑支护与降水工程专项施工方案编制完成后，应经施工单位组织专家审查论证合格后，由施工单位技术负责人签字，然后报送项目监理机构，总监审查合格签字后，方可组织施工。（1.0分）

2.（本小题1.5分）

“由甲、乙施工单位对该塔吊共同进行了验收，验收合格后投入使用”不妥。（0.5分）

理由：应由甲施工单位、乙施工单位、安装单位、设备租赁公司共同进行验收，合格

后方可投入使用。（1.0分）

3.（本小题5.0分）

（1）专监的做法不妥；（0.5分）

理由：专监无权签发《工程暂停令》，专监应报告总监，由总监向甲施工单位签发《工程暂停令》，乙施工单位是分包单位，与建设单位没有合同关系。（1.0分）

（2）甲施工单位承担连带责任；（0.5分）

理由：甲施工单位是总承包单位，乙施工单位是分包单位，总承包单位与分包单位就分包工程的安全承担连带责任。（1.0分）

乙施工单位承担主要和直接责任；（1.0分）

理由：乙施工单位未执行甲施工单位的指令，该事故的直接原因是使用的高强螺栓未经报验。（1.0分）

4.（本小题3.0分）

（1）"事故发生1小时后，项目经理向单位负责人报告了事故情况"不妥；（0.5分）

理由：事故发生后，项目经理应及时向单位负责人报告。（1.0分）

（2）"工程所在地的县级人民政府委托事故发生单位组织事故调查组进行了事故调查"不妥；（0.5分）

理由：造成3人死亡属于较大事故，并且已经造成了人员伤亡，应由县级人民政府负责事故调查。（1.0分）

5.（本小题3.0分）

（1）事故发生单位概况；（0.5分）

（2）事故发生经过和事故救援情况；（0.5分）

（3）事故造成的人员伤亡和直接经济损失；（0.5分）

（4）事故发生的原因和事故的性质；（0.5分）

（5）事故责任的认定以及对事故责任者的处理建议；（0.5分）

（6）事故防范和整改措施。（0.5分）

第八章 质量管理

<table>
<tr><td rowspan="17">核心考点</td><td rowspan="3">施工质量计划的内容
与编制方法</td><td>施工质量计划的对象</td></tr>
<tr><td>施工质量计划的基本内容</td></tr>
<tr><td>施工质量计划的编制与审批</td></tr>
<tr><td colspan="2">对建筑材料、设备进行检验检测的规定</td></tr>
<tr><td colspan="2">编制、审核审批、签字</td></tr>
<tr><td>技术交底</td><td>形式、签字、内容</td></tr>
<tr><td rowspan="2">工程质量问题</td><td>发生(防治)质量问题的主要原因</td></tr>
<tr><td>措施及处理</td></tr>
<tr><td rowspan="5">质量验收</td><td>验收的分类</td></tr>
<tr><td>工程项目划分</td></tr>
<tr><td>验收合格的规定</td></tr>
<tr><td>验收不合格要求</td></tr>
<tr><td>重要分部验收</td></tr>
<tr><td rowspan="4">工程质量事故</td><td>工程质量事故的分类</td></tr>
<tr><td>事故报告应包括的内容</td></tr>
<tr><td>工程质量的调查</td></tr>
<tr><td>工程质量问题的处理</td></tr>
<tr><td colspan="3">经典考题</td></tr>
</table>

第一节 质量管理核心考点

考点一：施工质量计划的内容与编制方法

1. 施工质量计划的对象——施工项目

2. 施工质量计划的基本内容

(1) 工程特点及施工条件（合同条件、法规条件和现场条件等）分析；

(2) 质量总目标及其分解目标；

(3) 质量管理组织机构和职责，人员及资源配置计划；

(4) 确定施工工艺与操作方法的技术方案和施工组织方案；

(5) 施工材料、设备等物资的质量管理及控制措施；

(6) 施工质量检验、检测、试验工作的计划安排及其实施方法与检测标准；

(7) 施工质量控制点及其跟踪控制的方式与要求；

（8）质量记录的要求等。

3. 施工质量计划的编制与审批

（1）施工质量计划的编制主体

施工质量计划应由自控主体即施工承包企业进行编制。在平行发包方式下，各承包单位应分别编制施工质量计划；在总分包模式下，施工总承包单位应编制总承包工程范围的施工质量计划，各分包单位编制相应分包范围的施工质量计划，作为施工总承包方质量计划的深化和组成部分。施工总承包方有责任对各分包方施工质量计划的编制进行指导和审核，并承担相应施工质量的连带责任。

（2）施工质量计划的审批

企业内部的审批——由项目经理部主持编制，报企业组织管理层批准。

项目监理机构的审查——应由总监理工程师签认后报建设单位。

考点二：对建筑材料、设备进行检验检测的规定

1. 建筑施工企业必须按照工程设计要求、施工技术标准和合同的约定，对建筑材料、建筑构配件、设备和商品混凝土进行检验，不合格的不得使用。

2. 施工检测的见证取样和送检制度

（1）见证取样和送检，是指在建设单位或工程监理单位人员的见证下，由施工单位的现场试验人员对工程中涉及结构安全的试块、试件和材料在现场取样，并送至具有法定资格的质量检测单位进行检测的活动。

（2）涉及结构安全的试块、试件和材料见证取样和送检比例不得低于有关技术标准中规定应取样数量的30%。

（3）下列试块、试件和材料必须实施见证取样和送检：

1）用于承重结构的混凝土试块；

2）用于承重墙体的砌筑砂浆试块；

3）用于承重结构的钢筋及连接接头试件；

4）用于承重墙的砖和混凝土小型砌块；

5）用于拌制混凝土和砌筑砂浆的水泥；

6）用于承重结构的混凝土中使用的掺加剂；

7）地下、屋面、厕浴间使用的防水材料；

8）国家规定必须实行见证取样和送检的其他试块、试件和材料。

（4）见证人员应由建设单位或监理单位中具备施工试验知识的专业技术人员担任，并由建设单位或监理单位书面通知施工单位、检测单位和负责该工程的质量监督机构。

（5）取样人员应在试样或其包装上做出标识、封志。标识和封志应标明工程名称、取样部位、取样日期、样品名称和样品数量，并由见证人员和取样人员签字。见证人员和取样人员应对试样的代表性和真实性负责。

3. 工程质量检测机构的资质和检测规定

（1）工程质量检测机构是具有独立法人资格的中介机构。

（2）检测机构资质分为专项检测机构资质和见证取样检测机构资质。检测机构未取得相应的资质证书，不得承担本办法规定的质量检测业务。

（3）检测报告经检测人员签字、检测机构法定代表人或者其授权的签字人签署，并加盖检测机构公章或者检测专用章后方可生效。检测报告经建设单位或者工程监理单位确认后，由施工单位归档。质量检测业务由工程项目建设单位委托具有相应资质的检测机构进行检测。如果利害关系人对检测结果发生争议的，由双方共同认可的检测机构复检，复检结果由提出复检方报当地建设主管部门备案。

（4）检测机构应当将检测过程中发现的建设单位、监理单位、施工单位违反有关法律、法规和工程建设强制性标准的情况，以及涉及结构安全检测结果的不合格情况，及时报告工程所在地建设主管部门。检测机构应当建立档案管理制度，并应当单独建立检测结果不合格项目台账。

（5）检测人员不得同时受聘于两个或者两个以上的检测机构。检测机构和检测人员不得推荐或者监制建筑材料、构配件和设备。检测机构不得与行政机关，法律、法规授权的具有管理公共事务职能的组织以及所检测工程项目相关的设计单位、施工单位、监理单位有隶属关系或者其他利害关系。

（6）检测机构不得转包检测业务。

考点三：编制、审核审批、签字（见表 8.1.1）

表 8.1.1

<table>
<tr><td rowspan="4">编</td><td>编什么</td><td>管理规则大纲→管理实施规划、施工组织设计（包括施工部署、各项计划、施工方案）、质量计划→专项施工方案→应急预案→作业指导书、技术交底书（一般后编的文件以先编的为编制依据）</td></tr>
<tr><td>谁组织编</td><td>一般为项目经理组织编（例外：规划大纲由企业管理层组织编制）</td></tr>
<tr><td>谁编制</td><td>一般应由项目相关部门、专业技术人员编制</td></tr>
<tr><td>应注意的两个要点</td><td>（1）大中型项目应单独编制项目管理实施规划；承包人的项目管理实施规划可以用施工组织设计或质量计划代替，但应能够满足项目管理实施规划的要求（应补充项目管理方面的内容）。
（2）对于施工的特殊过程，除应执行一般过程控制的规定外，还应由专业技术人员编制专门的作业指导书，经项目技术负责人审批后执行</td></tr>
<tr><td>审</td><td>谁审批签字</td><td>监理方面——一般由总监审批
施工单位方面——一般应由企业技术负责人审批</td></tr>
</table>

考点四：技术交底（见表 8.1.2）

表 8.1.2

<table>
<tr><th>名称</th><th>时间</th><th>要点</th></tr>
<tr><td colspan="3">分层次、针对性、作业前、书面、签字、归档</td></tr>
<tr><td>安全技术交底</td><td>施工前</td><td>按工种分部分项；施工过程中存在较大安全风险项目</td></tr>
<tr><td>设计交底</td><td>接受工程后</td><td>设计人员向施工单位有关人员，图纸会审时</td></tr>
<tr><td>施工组织设计</td><td>开工前</td><td>编制人员向施工人员</td></tr>
<tr><td>施工方案</td><td>施工前</td><td>编制人员向作业人员</td></tr>
<tr><td>设计变更交底</td><td>信息、指令变更后
工程洽商影响较大</td><td>及时向作业人员</td></tr>
</table>

考点五：工程质量问题

1. 发生（防治）质量问题的主要原因有哪些？（原因：没有这么干；防治：应该这么干）分析模板法理解见表 8.1.3：

表 8.1.3

分析模板	具体分析	举例
人	企业	资质、管理体系、管理能力
	个人	资格、配备、操作失误
机	机具、机械	机具能量、压实遍数
料	材料	材料不符合要求、强度、刚度、稳定性、密度
	内部材料	配合比、坍落度、含水率等
	相关材料	模板（强度、刚度、稳定性、安装、隔离剂、接缝、支撑）、垫块（尺寸、位置）
法	工序、方法、顺序	施工工序、方法、顺序不正确
	具体工作	施工过程中的错误
环	环境	周围环境的影响
实际工作经验		

2. 措施及处理（现场如何处理质量问题）

（1）质量问题正在发生（见表 8.1.4）

表 8.1.4

具体方面	分析理解	答题程序
制止、停止	立即停止	立即停止打凿行为
文件上控制	施工组织设计、施工方案	从施工组织设计、施工方案等文件上控制
现场中具体控制	具体措施	（1）采取加固或拆除等措施处理开裂墙体； （2）对后置埋件的墙体采取无损或影响不大的措施； （3）尽量采用预制埋件
善后处理	人	教育处罚
	事	施工过程中监督、检查
	物	施工完成做好检查、验收
实际工作经验		

（2）已造成质量缺陷时，凡能够进行返修的，按下列程序处理（见表 8.1.5）

表 8.1.5

分析模板	答题程序	举例
上报	报告监理方	—
方案	与设计人员协商，确定解决方案	具体到方案，例如：可采取补后置埋件的方式处理
批准	设计方认可并报经监理（建设单位）批准	—
施工	按照经批准的方案进行处理、修改	—
验收	自检合格后，重新申请验收	

（3）当事件对质量有影响或当存在有质量疑义时，按下列程序处理（见表 8.1.6）

表 8.1.6

分析模板	答题程序	
上报	报告监理方	
检测	应委托有资质的检测机构进行检测	检测合格可以验收
		若经检测达不到设计要求，可由设计人员核算
核算	由原设计单位设计人员核算	若核算结果能满足安全和使用功能，可予以验收
		若设计核算不能满足安全使用要求，应进行加固处理
处理后	加固后尺寸有改变的，在能满足安全和主要使用功能的条件下，可按技术处理方案和协商文件进行验收，否则，严禁验收	

（4）技术问题治理（施工缝处继续浇筑混凝土、混凝土表面蜂窝、麻面、孔洞、防水层修补、地面局部下沉）（见表 8.1.7）

表 8.1.7

分析模板	具体分析	举例
基层	清洁	表面清理，保持表面清洁、湿润、不得有积水
结合层	刷界面剂、铺水泥砂浆、铺水泥浆、刷防水涂料	
面层	浇筑、表面处理	浇筑混凝土、压实磨平
养护	做好养护、成品保护	

考点六：质量验收

一、验收的分类（见表 8.1.8）

表 8.1.8

<table>
<tr><td rowspan="11">验收的分类</td><td rowspan="7">工程验收</td><td rowspan="5">按内容分</td><td colspan="2">综合验收（竣工验收）</td><td></td></tr>
<tr><td rowspan="4">专项验收</td><td>室内环境质量验收</td><td rowspan="4">验收合格才能进行竣工验收</td></tr>
<tr><td>节能工程施工质量验收</td></tr>
<tr><td>防火验收</td></tr>
<tr><td>消防验收</td></tr>
<tr><td rowspan="2">按程序分</td><td colspan="3">过程验收</td></tr>
<tr><td colspan="3">竣工验收</td></tr>
<tr><td colspan="5">材料进场验收</td></tr>
<tr><td colspan="4">施工机械使用前的验收（起重机械验收）</td><td rowspan="3">施工机械、临时设施的验收，不属于构成工程实体的内容，施工方自己组织验收，监理方不组织，只监督</td></tr>
<tr><td colspan="2" rowspan="2">设备验收</td><td colspan="2">脚手架分段验收</td></tr>
<tr><td colspan="2">临时用电工程必须经编制、审核、批准部门和使用单位共同验收，合格后方可投入使用</td></tr>
</table>

二、工程项目划分

包括单位（子单位）工程、分部（子分部）工程、分项工程和检验批（见表 8.1.9）。

表 8.1.9

划分原则	
检验批	楼层、施工段、变形缝
分项工程	工种、材料、施工工艺、设备类别
分部工程	专业性质、建筑部位
单位工程	具备独立施工条件并能形成独立使用功能的建筑物或构筑物为一个单位工程

三、验收合格的规定（见表 8.1.10）

表 8.1.10

质量验收划分	组织人员	参与人员	合格的规定（各层条件中包含上层）
检验批	监理工程师（专监）	施工单位项目专业质量检查员、专业工长等	（1）主控项目的质量经抽样检验均应合格，一般项目的质量经抽样检验合格； （2）具有完整的施工操作依据、质量检查记录
分项工程	监理工程师（专监）	施工单位项目技术负责人等	（1）所含的检验批的质量均应验收合格； （2）所含的检验批的质量验收记录应完整
分部工程	总监	施工单位项目负责人、项目技术、质量负责人；勘察（地基基础）、设计项目负责人和施工单位技术、质量部门负责人	（1）所含分项工程的质量均应验收合格； （2）质量控制资料应完整； （3）有关安全、节能、环境保护和主要使用功能的抽样检验结果应符合相应规定； （4）观感质量验收应符合要求
单位工程	建设单位	建设单位收到工程竣工报告后，由建设单位项目负责人组织监理、施工、设计、勘察等单位项目负责人进行	（1）所含分部工程的质量均应验收合格； （2）质量控制资料应完整； （3）所含分部工程中有关安全、节能、环境保护和主要使用功能的检测资料应完整； （4）主要使用功能的抽查结果应符合相关专业验收规范的规定； （5）观感质量验收应符合要求

四、验收不合格要求（见表 8.1.11）

表 8.1.11

分析模板	程序	验收
返修	经返工、返修的检验批	应重新进行验收
检测	经有资质的检测机构检测鉴定	能够达到设计要求的检验批应予以验收
		达不到设计要求，原设计单位核算

续表

分析模板	程序	验收
核算	原设计单位核算	经原设计单位核算认可能够满足结构安全和使用功能的检验批，可予以验收。
		不能够满足结构安全和使用功能，返修或加固处理
处理后	返修或加固处理的分项、分部工程，满足安全及使用功能要求时，可按技术处理方案和协商文件的要求予以验收	
	经返修或加固处理仍不能满足安全或重要使用要求的分部工程及单位工程，严禁验收	

五、重要分部验收

1. 验收条件

（1）工程实体［内容做完整改、检测完成（整改完成报告书已送质监站归档）］；

（2）工程资料完整（包括自评、评估两报告签章完毕）；

（3）验收程序。

2. 验收过程

自检、自评→设计认可→监理核定→业主组验→各方汇报→记录盖章→前后3日，报质监站（见表8.1.12）。

表8.1.12

验收程序要点	具体验收过程
自检、自评	（1）施工单位自检、自评； （2）《质量自评报告》由项目经理和施工单位负责人审核、签字、盖章
设计认可	勘察、设计单位对勘察设计文件变更进行检查，对主体实体是否与设计图纸及变更一致，进行认可
监理核定	（1）向监理、业主申报验收； （2）监理评价，《质量评估报告》由总监和监理单位有关负责人审核、签字、盖章
业主组验	由建设单位组织验收，各单位参加（地基基础工程验收亦可由总监组织）。 （1）验收组组长由建设单位法人代表或其委托的负责人担任，副组长应至少由一名工程技术人员担任（适用于主体结构过程验收）； （2）验收组成员由建设单位负责人、项目现场管理人员及勘察、设计、施工、监理等单位项目技术负责人或质量负责人组成； （3）主体验收通知书、工程规划许可证复印件（加盖建设单位公章）、中标通知书复印件（加盖建设单位公章）、工程施工许可证复印件（加盖建设单位公章）
各方汇报	（1）验收组组长主持验收会议； （2）各单位书面汇报（履行情况，执行法规、标准的情况）
记录盖章	（1）听取并形成经验收小组人员分别签字的验收意见； （2）形成参见责任方签署的《工程质量验收记录》
前后3日，报质监站	（1）验收3个工作日前将验收的时间、地点及验收组名单报至质监站； （2）《工程质量验收记录》应在签章后3个工作日内由项目监理人员报送质监站存档

验收程序要点：企业自评、设计认可、监理核定、业主验收、政府监督

3.意见不一致时的处理方式

各方不能形成一致意见时应当协商提出解决的方法，待意见一致后，重新组织工程验收（意见不一，协商一致、重新组验）。

考点七：工程质量事故

一、工程质量事故的分类（见表8.1.13）

表8.1.13

上报时间	民报官1小时，官报官2小时			
逐级上报	省级住建主管部门	国务院住建主管部门	国务院住建主管部门	国务院住建主管部门
同时上报	县人民政府	市人民政府	省人民政府	国务院
事故	一般事故	较大事故	重大事故	特大事故
死亡	0～3	3～10	10～30	≥30
重伤	0～10	10～50	50～100	≥100
直接经济损失	100万～1000万元	1000万～5000万元	5000万～1亿元	≥1亿元
变动	事故发生之日起30天内伤亡人数发生变化的，应当及时补报			

注："以上"包括本数，"以下"不包括本数。

二、事故报告应包括的内容（见表8.1.14）

表8.1.14

事故报告	（1）事故发生的时间、地点、工程项目名称、工程各参建单位名称
	（2）事故发生的简要经过、伤亡人数（包括下落不明的人数）和初步估计的直接经济损失
	（3）事故的初步原因
	（4）事故发生后采取的措施及事故控制情况
	（5）事故报告单位、联系人及联系方式
	（6）其他应当报告的情况

三、工程质量的调查（见表8.1.15）

表8.1.15

工程质量的调查	职责	事故调查报告内容
	（1）核实事故基本情况，包括事故发生的经过、人员伤亡情况及直接经济损失； （2）核查事故项目基本情况，包括项目履行法定建设程序情况、工程各参建单位履行职责的情况；	（1）事故项目及各参建单位概况； （2）事故发生经过和事故救援情况；

续表

	职责	事故调查报告内容
工程质量的调查	（3）依据国家有关法律法规和工程建设标准分析事故的直接原因和间接原因，必要时组织对事故项目进行检测鉴定和专家技术论证； （4）认定事故的性质和事故责任； （5）依照国家有关法律法规提出对事故责任单位和责任人员的处理建议； （6）总结事故教训，提出防范和整改措施； （7）提交事故调查报告	（3）事故造成的人员伤亡和直接经济损失； （4）事故项目有关质量检测报告和技术分析报告； （5）事故发生的原因和事故性质； （6）事故责任的认定和事故责任者的处理建议； （7）事故防范和整改措施。 事故调查报告应当附具有关证据材料。事故调查组成员应当在事故调查报告上签名

四、工程质量问题的处理（见表 8.1.16）

表 8.1.16

	相关责任者	有关单位与注册执业人员
工程质量问题的处理	对事故相关责任者实施行政处罚。处罚权限不属本级住房和城乡建设主管部门的，应当在收到事故调查报告批复后 15 个工作日内，将事故调查报告（附具有关证据材料）、结案批复、本级住房和城乡建设主管部门对有关责任者的处理建议等，转送有权限的住房和城乡建设主管部门	对事故负有责任的建设、勘察、设计、施工、监理等单位和施工图审查、质量检测等有关单位分别给予罚款、停业整顿、降低资质等级、吊销资质证书其中一项或多项处罚。 对事故负有责任的注册执业人员分别给予罚款、停止执业、吊销执业资格证书、终身不予注册其中一项或多项处罚

第二节　质量管理经典考题

案　例　一

【2017 建筑（二）部分内容】

背景资料：

某新建住宅工程项目，建筑面积 23000m^2，地下 2 层，地上 18 层，现浇钢筋混凝土剪力墙结构，项目实行项目总承包管理。

施工总承包单位项目部技术负责人组织编制了项目质量计划，由项目经理审核后报监理单位审批，该质量计划要求建立的施工过程质量管理记录有：使用机具的检验、测量及试验设备管理记录，监督检查和整改、复查记录，质量管理文件记录及规定的其他记录等。监理工程师对此提出了整改要求。

施工前，项目部根据本工程施工管理和质量控制要求，对分项工程按照工种等条件，检验批按照楼层等条件，制定了分项工程和检验批划分方案，报监理单位审核。

该工程的外墙保温材料和粘结材料等进场后，项目部会同监理工程师核查了其导热系数、燃烧性能等质量证明文件；在监理工程师见证下对保温、粘结和增强材料进行了复验取样。

项目部针对屋面卷材防水层出现的起鼓（直径>300mm）问题，制定了割补法处理方案。方案规定了修补工序，并要求先铲除保护层、把鼓泡卷材割除、对基层清理干净等修补工序依次进行处理整改。

问题：

1.项目部编制质量计划的做法是否妥当？质量计划中管理记录还应该包含哪些内容？

2.分别指出分项工程和检验批划分的条件还有哪些？

3.外墙保温、粘结和增强材料复试项目有哪些？

4.卷材鼓泡采用割补法治理的工序依次还有哪些？

答案：

1.（本小题5.0分）

（1）不妥当。（1.0分）

理由：项目质量计划应由项目经理（项目负责人）组织编制，报企业相关管理部门批准并得到发包方和监理方认可后实施。（1.0分）

（2）质量计划中管理记录还应该包含：施工日记和专项施工记录，交底记录，上岗培训记录和岗位资格证明，图纸、变更设计接收和发放的有关记录（共3.0分，每项1.0分）。

2.（本小题6.0分）

（1）分项工程划分的条件：按主要工种、材料、施工工艺、设备类别等进行划分（共3.0分，每项1.0分）；

（2）检验批划分的条件：按工程量、楼层、施工段、变形缝等进行划分（共3.0分，每项1.0分）。

3.（本小题6.0分）

（1）外墙保温材料复试项目有：导热系数、燃烧性能、密度、抗压强度或压缩强度；（3.0分）

（2）粘结材料复试项目有：粘结强度；（1.0分）

（3）增强材料复试项目有：增强网的力学性能、抗腐蚀性能。（2.0分）

4.（本小题4.0分）

卷材鼓泡采用割补法治理的工序还有：

（1）再用喷灯烘烤旧卷材槎口，并分层剥开，除去旧胶结材料后；（1.0分）

（2）随后依次将旧卷材分片重新粘贴好，上面铺贴一层新卷材；（1.0分）

（3）再依次粘贴旧卷材，上面覆盖铺贴第二层新卷材；（1.0分）

（4）周边压实刮平，重做保护层。（1.0分）

案　例　二

【2017 建筑（五）部分内容】

背景资料：

某新建办公楼工程，总建筑面积 68000m²，地下 2 层，地上 30 层，人工挖孔桩基础，设计桩长 18m，基础埋深 8.5m，地下水位为－4.5m；裙房 6 层，檐口高 28m；主楼高度 128m，钢筋混凝土框架－核心筒结构。建设单位与施工单位签订了施工总承包合同。施工单位制定的主要施工方案有：排桩＋内支撑式基坑支护结构；裙房用落地式双排扣件式钢管脚手架，主楼布置外附墙式塔吊，核心筒爬模施工，结构施工用胶合板模板。

该建设单位项目负责人组织对工程进行检查验收，施工单位分别填写了《单位工程竣工验收记录表》中的“验收记录”“验收结论”“综合验收结论”。“综合验收结论”为“合格”。参加验收单位人员分别进行了签字。政府质量监督部门认为一些做法不妥，要求改正。

问题：

《单位工程质量竣工验收表》中“验收记录”“验收结论”“综合验收结论”应该由哪些单位填写？“综合验收结论”应该包含哪些内容？

答案：

（本小题 6.0 分）

（1）验收记录由施工单位填写；（1.0 分）

验收结论由监理单位填写；（1.0 分）

综合验收结论经参加验收的各方共同商定，由建设单位填写。（1.0 分）

（2）综合验收结论应当包含施工是否满足规范或标准的要求，是否准许通过验收，工程质量是否符合设计文件、相关标准或规范的规定，对总体质量水平作出评价。（3.0 分）

案　例　三

【2016 建筑（二）部分内容】

背景资料：

某新建体育馆工程，建筑面积约 2300m²，现浇钢筋混凝土结构，钢结构网架屋盖，地下 1 层，地上 4 层，地下室顶板设计有后张法预应力混凝土梁。地下室顶板同条件养护试件强度达到设计要求的时候，施工单位现场生产经理立即向监理工程师口头申请拆除地下室顶板模板，监理工程师同意后，现场将地下室顶板及支架全部拆除。

“两年专项治理行动”检查时，二层混凝土结构经“回弹-取芯法”检验，其强度不满足设计要求，经设计单位验算，需对二层结构进行加固处理，造成直接经济损失 300 余万元，工程质量事故发生后，现场有关人员立即向本单位负责人报告，在规定时间内逐级上报至市（设区）级人民政府住房和城乡建设主管部门，施工单位提交的质量事故报告内容包括：

（1）事故发生的时间、地点、工程项目名称；

（2）事故发生的简要经过，无伤亡；

（3）事故发生后采取的措施及施工控制情况；

（4）事故报告单位。

问题：

本题中的质量事故属于哪个等级？指出事故上报的不妥之处，质量事故报告还应包括哪些内容？

答案：

（本小题 5.0 分）

（1）本质量事故属于一般事故。（1.0 分）

（2）不妥一：现场有关人员立即向本单位负责人报告。（0.5 分）

正确做法：现场有关人员应立即向工程建设单位负责人报告。（0.5 分）

不妥二：并在规定的时间内逐级上报至市（设区）级人民政府住建主管部门。（0.5 分）

正确做法：工程建设单位负责人接到报告后，应于 1h 内向事故发生地县级以上人民政府住房和城乡建设主管部门及有关部门报告。（0.5 分）

（3）质量事故报告还应包括：（共 2.0 分）

1）事故的初步原因；（0.5 分）

2）初步估计的直接经济损失；（0.5 分）

3）事故报告联系人及联系方式；（0.5 分）

4）其他应报告的情况。（0.5 分）

案　例　四

【2011 建筑（二）部分内容】

背景资料：

某办公楼工程，建筑面积 18500m^2，现浇钢筋混凝土框架结构，筏板基础。该工程位于市中心，场地狭小，开挖土方须外运至指定地点。建设单位通过公开招标方式选定了施工总承包单位和监理单位，并按规定签订了施工总承包合同和监理委托合同，施工总承包单位进场后按合同要求提交了总进度计划，并经过监理工程师审查和确认。

合同履行过程中，发生了下列事件。

事件 1：基础工程施工完成后，在施工总承包单位自检合格、总监理工程师签署“质量控制资料符合要求”的审查意见的基础上，施工总承包单位项目经理组织施工单位质量部门负责人、监理工程师进行了分部工程验收。

问题：

根据《建筑工程施工质量验收统一标准》GB 50300，事件 1 中，施工总承包单位项目经理组织基础工程验收是否妥当？说明理由。本工程地基基础分部工程验收还应包括哪些人员？

答案：

（本小题 6.0 分）

根据《建筑工程施工质量验收统一标准》GB 50300，事件 1 中，施工总承包单位项目经理组织基础工程验收不妥当。（1.0 分）

理由：应由总监理工程师组织基础工程验收。（1.0 分）

本工程地基基础分部工程验收还应包括的人员：建设单位项目负责人、设计单位项目

负责人、勘察单位项目负责人、施工单位技术负责人等。（4.0分）

案 例 五

【2017市政（四）部分内容】

背景材料：

某城市水厂改扩建工程，内容包括多个现有设施改造和新建系列构筑物。新建的一座半地下式混凝沉淀池，池壁高度为5.5m，设计水深4.8m，容积为中型水池，钢筋混凝土薄壁结构，混凝土设计强度C35，防渗等级P8。池体地下部分处于硬塑状粉质黏土层和黏土层，有少量浅层滞水，无须考虑降水施工。鉴于工程项目结构复杂，不确定因素多。项目部进场后，项目经理主持了设计交底；在现场调研和审图基础上，向设计单位提出多项设计变更申请。

项目部编制的混凝沉淀池专项施工方案内容包括：明挖基坑采用无支护的放坡开挖形式；池底板设置后浇带分次施工；池壁竖向分两次施工，施工缝设置钢板止水带，模板采用特制钢模板，防水对拉螺栓固定。沉淀池施工横断面布置如图8.2.1所示。依据进度计划安排，施工进入雨期。

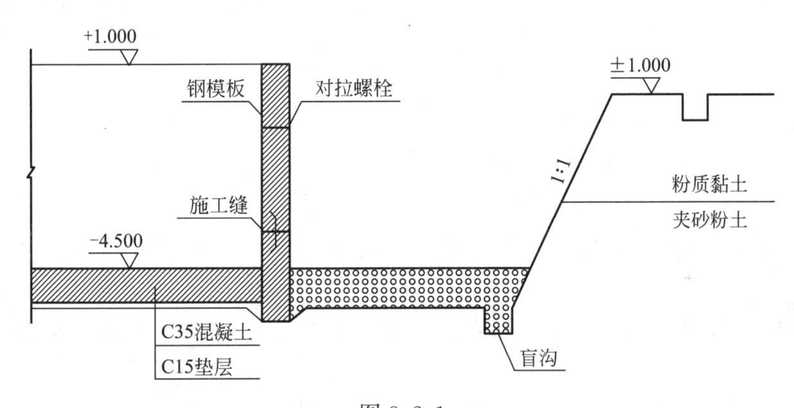

图8.2.1

池壁混凝土首次浇筑时发生跑模事故，经检查确定为对拉螺栓滑扣所致。

池壁混凝土浇筑完成后挂编织物洒水养护，监理工程师巡视时发现编织物呈干燥状态，发出整改通知。

问题：

1.试分析池壁混凝土浇筑跑模事故的可能原因。

2.监理工程师为何要求整改混凝土养护工作？简述养护的技术要求。

答案：

1.(本小题4.0分，每项1.0分)

跑模的原因：(1) 对拉螺栓直径太小；(2) 对拉螺栓间距太大；(3) 混凝土浇筑未分层；(4) 混凝土浇筑下落高度太高，未采取溜槽等措施辅助。

2.(本小题5.0分)

(1) 编织物呈干燥状态，不能起到养护的作用。（2.0分）

(2) 养护的技术要求：养护应遮盖、洒水、保持湿润，并不少于14天。（3.0分）

案 例 六

【2019 机电（四）部分内容】

背景资料：

安装公司项目部进场后，依据商业中心大型且复杂工程的施工总进度计划，编制了安全技术防范系统施工进度计划，该进度计划在报安装公司审批时，被监理工程师否定，调整后通过审批。

问题：

1. 设备、材料验收有哪些要求？验收工作应按哪些规定进行？

2. 子分部工程的验收结果由哪些单位填写，记录表签字人有哪些？

答案：

1.（本小题 8.0 分）

（1）材料进场验收要求：（每条 1.0 分，共 5.0 分）

1）进场验收、复检。在材料进场时必须根据进料计划、送料凭证、质量保证书或产品合格证，进行材料的数量和质量验收；要求复检的材料应有取样送检证明报告。

2）按验收标准、规定验收。验收工作按质量验收规范和计量检测规定进行。

3）验收内容应完整，包括品种、规格、型号、质量、数量、证件等。

4）做好记录、办理验收。验收要做好记录、办理验收手续。

5）不符合、不合格拒绝接收。

（2）设备验收管理：（每条 1.0 分，共 3.0 分）

1）验收工作在业主的组织下进行。

2）设备管理人员必须掌握了解有关技术协议以作为设备开箱验收、入库、发放的依据。

3）开箱检验以供货方提供的装箱单为依据，验收结果让各方代表签字存档。

2.（本小题 4.0 分）

分部工程质量验收记录的检查评定结论由施工单位填写。验收意见由建设（监理）单位填写。（1.0 分）

记录表签字人建设单位项目负责人、建设单位项目技术负责人，总监理工程师，施工单位项目负责人、施工单位项目技术负责人，设计单位项目负责人。

（每项 0.5 分，共 3.0 分）

案 例 七

【2015 机电（一）部分内容】

背景资料：

在第一批空调金属风管制作检查中，发现质量问题，项目部采用排列图法对制作中出现的质量问题进行了统计、分析、分类，并建立风管制作不合格点数统计表（表 8.2.1），予以纠正处理，经检查，其中风管咬口开裂的质量问题是咬口形式选择不当造成的，经改变咬口形式后，咬口质量得到改进。

表 8.2.1

代号	检查项目	不合格点数	频率（%）	累计频率（%）
1	交口开裂	24	30	30
2	风管几何尺寸超差	22	27.5	57.5
3	法兰螺栓孔距超差	16	20	77.5
4	翻边宽度不一致	8	10	87.5
5	表面平整度超差	6	7.5	95
6	表面划伤	4	5	100
合计		80	100	

问题：

对表 8.2.1 中的质量问题进行 A、B、C 分类。

答案：

（本小题 6.0 分）

咬口开裂、风管几何尺寸超差、法兰螺栓孔超差属于 A 类问题；（2.0 分）

翻边宽度不一致属于 B 类问题；（2.0 分）

表面平整度超差、表面划伤属于 C 类问题。（2.0 分）

案 例 八

【2017 水利（三）部分内容】

背景资料：

某大型水库枢纽工程，由混凝土面板堆石坝、泄洪洞、电站等建筑物组成，工程在实施过程中发生了如下事件：

事件 1：根据合同约定，本工程的所有原材料由承包人负责提供，在施工过程中，承包人严格按照合同要求完成原材料的采购与验收工作。

事件 2：大坝基础工程完工后，验收主持单位组织制定了分部工程验收工作方案，部分内容如下：

（1）由监理单位向项目法人提交验收申请报告；

（2）验收工作由质量监督机构主持；

（3）验收工作组由项目法人、设计、监理、施工单位代表组成；

（4）分部工程验收通过后，由项目法人将验收质量结论和相关资料报质量监督机构核定。

事件 3：在混凝土面板施工过程中，面板出现裂缝，现场认定该裂缝属于表面裂缝，按质量缺陷处理，裂缝处理工作程序如下：

（1）承包人拟定处理方案，并自行组织实施；

（2）裂缝处理完毕，经现场检查验收合格后，由承包人填写《施工质量缺陷备案表》，备案表由监理人签字确认；

（3）《施工质量缺陷备案表》报项目法人备案。

问题：

1. 事件 1 中，承包人在原材料采购与验收工作上应履行哪些职责和程序？

2.指出并改正事件2中分部工程验收工作方案的不妥之处。

3.改正事件3中裂缝处理工作程序上的不妥之处。

答案：

1.（本小题6.0分）

（1）采购要求：承包人应按专用合同条款的约定，将各项材料的供货人及品种、规格、数量和供货时间等报送监理人审批。承包人应向监理人提交其负责提供的材料的质量证明文件，并满足合同约定的质量标准。（3.0分）

（2）验收程序：对承包人提供的材料，承包人应会同监理人进行检验和交货验收，查验材料合格证明和产品合格证书，并按合同约定和监理人指示，进行材料的抽样检验和测试，检验和测试结果应提交监理人，所需费用由承包人承担。（3.0分）

2.（本小题5.0分）

（1）由监理单位向项目法人提交不妥，应由施工单位向项目法人提交；（1.0分）

（2）由质量监督机构主持不妥，应由项目法人（或委托监理单位）主持；（1.0分）

（3）验收工作组由项目法人、设计、监理、施工单位代表组成不妥，验收工作组由项目法人、设计、监理、施工单位、勘测、主要设备制作（供应）商、运行管理等单位的代表组成；（2.0分）

（4）报质量监督机构核定不妥，应报质量监督机构核备。（1.0分）

3.（本小题4.0分）

（1）承包人拟定处理方案，经监理同意后再组织实施；（1.0分）

（2）裂缝处理完毕，经现场检查验收合格后，由监理单位组织填写《质量缺陷备案表》，各工程参建单位（项目法人、设计、监理、施工单位）代表签字；（2.0分）

（3）《施工质量缺陷备案表》报质量监督机构备案。（1.0分）

案 例 九

【2017水利（五）部分内容】

背景资料：

某水库除险加固工程加固内容主要包括：均质土坝坝体灌浆，护坡修整，溢洪道拆除重建等，工程建设过程中发生了下列事件：

事件1：在施工质量检验中，钢筋、护坡单元工程，以及溢洪道底板混凝土试件，三个项目抽样检验均有不合格情况，针对上述情况监理单位要求施工单位按照《水利水电工程施工质量检测与评定规程》SL 176—2007，分别进行处理并责成其进行整改。

事件2：溢洪道单位工程完工后，项目法人主持单位工程验收，并成立了由项目法人、设计、施工、监理等单位组成的验收工作组。经评定，该单位工程施工质量等级为合格，其中工程外观质量得分率为75%。

事件3：合同工程完工验收后，施工单位及时向项目法人递交了工程质量保修书，保修书中明确了合同工程完工验收情况等有关内容。

问题：

1.针对事件1中提到的钢筋、护坡单元工程以及混凝土试件，抽样检验不合格的情况，分别说明具体处理措施。

2.根据事件2溢洪道单位工程施工质量评定结果，请写出验收鉴定书中验收结论的主要内容。

3.溢洪道单位工程验收工作中，除事件2所列单位外，还应包括哪些单位的代表？单位工程验收时，有哪些单位可以列席验收会议？

4.除合同工程完工验收情况外，工程质量保修书还应包括哪些方面的内容？

答案：

1.（本小题6.0分）

钢筋抽样检验不合格时；应及时对同一取样批次另取两倍数量进行检验，如仍不合格，则该批钢筋应定为不合格，不得使用。（2.0分）

护坡单元工程质量不合格时，应按合同要求进行处理或返工重做，并经重新检验且合格后方可进行后续工程。（2.0分）

混凝土试件，抽样检验不合格时，应委托具有相应资质等级的质量检测单位，对相应工程部位进行检验，如仍不合格，应由项目法人组织有关单位进行研究，并提出处理意见。（2.0分）

2.（本小题4.0分）

所含分部工程质量全部合格；（1.0分）

未发生较大及以上质量事故；工程外观质量得分率75%（70%上）；

施工质量检验与评定资料基本齐全；（1.0分）

工程施工期及试运行期观测资料分析结果符合国家和行业技术标准以及合同约定的标准要求，验收合格。（1.0分）

3.（本小题4.0分）

主要设备制作（供应）商、运行管理等单位的代表；（2.0分）

质量和安全监督机构、法人验收监督管理机关等单位可以列席验收会议。（2.0分）

4.（本小题5.0分）

工程质量保修书还应包括：质量保修范围及内容（1.0分）、质量保修期（1.0分）、质量保修责任（1.0分）、质量保修费用（1.0分）、其他（1.0分）。

案 例 十

【2016水利（五）部分内容】

背景资料：

某水电站枢纽工程由碾压式混凝土重力坝、坝后式电站、溢洪道等建筑物组成，其中重力坝最大坝高46m，坝顶全长290m，电站装机容量20万kW，采用地下升压变电站。某施工单位承担该枢纽工程施工，工程施工过程中发生如下事件：

事件5：本枢纽工程导（截）流验收前，经检查，验收条件全部具备，其中包括：

（1）截流后壅高水位以下的移民搬迁及库底清理已完成并通过验收；

（2）碍航问题已得到解决；

（3）满足截流要求的水下隐蔽工程已完成等。

项目法人主持进行了该枢纽工程导（截）流验收，验收委员会由竣工验收主持单位、设计单位、监理单位、质量和安全监督机构、地方人民政府有关部门、运行管理单位的代表及相关专家等组成。

问题：

根据《水利水电建设工程验收规程》SL 223—2008，指出并改正事件5中导（截）流验收组织的不妥之处。

答案：

（本小题5.0分）

项目法人主持验收不妥； （1.0分）

应由竣工验收单位或其委托的单位主持。 （1.0分）

设计单位、监理单位作为验收委员会成员不妥； （2.0分）

应作为被验收单位在验收鉴定书上签字。 （1.0分）

案 例 十 一

【2015水利（五）部分内容】

背景资料：

某水库枢纽工程由大坝、溢洪道、电站等组成。大坝为均质土坝，最大坝高35m，土方填筑设计工程量为200万m^3，设计压实度为97%。建设过程中发生了如下事件：

事件1：根据《水利水电工程施工质量检测与评定规程》SL 176—2007中关于施工质量评定工作的组织要求，相关单位对重要隐蔽单元工程进行了质量评定。

事件2：建设过程中，项目法人按照《水利水电建设工程验收规程》SL 223—2008的规定，组织了水电站工程单位工程验收，施工单位、监理单位和设计单位作为被验单位参加了验收会议。

问题：

1.指出事件1中关于重要隐蔽单元工程质量评定工作的组织要求。

2.指出事件2中的不妥之处，并说明理由。

答案：

1.（本小题5.0分）

重要隐蔽单元工程及关键部位单元工程质量经施工单位自评合格（1.0分），监理单位抽检后（1.0分），由项目法人（或委托监理）、监理、设计、施工、工程运行管理（施工阶段已有时）等单位，组成联合小组（1.0分），共同检查核定其质量等级并填写签证表（1.0分），报工程质量监督机构核定（1.0分）。

2.（本小题2.0分）

施工、监理和设计单位作为被验单位不妥； （1.0分）

应是验收工作组成员单位。 （1.0分）

案 例 十 二

【2014水利（五）部分内容】

背景资料：

某堤防除险加固工程，堤防级别为1级。该工程为地方项目，项目法人由某省某市水行政主管部门组建，质量监督机构为该市水利工程质量监督站。该项目中一段堤防工程为一新建施工合同段，全长 2.0km，为黏性土料均质堤，由某施工单位承建。施工过程中发生了如下事件：

事件 5：施工至 2013 年 5 月底，本合同段范围内容的工程项目已全部完成，所包括的分部工程已通过了验收，设计要求的变形观测点已测得初始值并在施工期进行了观测，施工中未发生质量缺陷。据此，施工单位向项目法人申请合同工程完工验收。

问题：

根据《水利水电建设工程验收规程》SL 223—2008，除事件 5 所述内容外，合同工程完工验收还应具备哪些条件？

答案：

（本小题 6.0 分）

合同项目已按合同约定完成（1.0 分）；单位工程验收（1.0 分）；工程质量缺陷已按要求处理（1.0 分）；工程完工结算已完成（1.0 分）；施工现场已经进行清理（1.0 分）；档案资料已按要求整理完毕（1.0 分）。

案 例 十 三

【2017 公路（三）部分内容】

背景资料：

某施工单位在北方平原地区承建了一段长 22km 的双向四车道高速公路的路基、路面工程。

施工中发生如下事件：施工单位为加强对工地试验室的管理，制定了《试验、检测记录管理办法》及相关试验管理制度，现部分摘录如下：

（1）工地试验室对试验、检测的原始记录和报告应印成一定格式的表格，原始记录和报告要实事求是、字迹清楚、数据可靠、结论明确。同时应有试验、计算、复核、负责人签字及试验日期，并加盖项目公章。

（2）工程试验、检测记录应使用签字笔填写，内容应填写完整，没有填写的地方应划“—”不能留空。

（3）原始记录如果需要更改，作废数据应采用涂改液涂改，并将正确数据填在上方，同时加盖更改人印章。

问题：

逐条判断该事件中《试验、检测记录管理办法》摘录内容是否正确，并改正错误。

答案：

（本小题 5.0 分）

（1）错误。（1.0 分）

正确说法：应该加盖试验专用公章。（1.0 分）

（2）正确。（1.0 分）

（3）错误。（1.0 分）

正确说法：原始记录如果需要更改，作废数据应划两条水平线；并将正确数据填在上方，同时加盖更改人印章。（1.0 分）

案 例 十 四

【2015 公路（四）部分内容】

背景资料：

某施工单位承包了跨湖区某大桥的滩地引桥施工，该引桥全长 2420m，共 44 孔，每孔跨径 55m。上部结构为预应力混凝土连续箱梁，桥跨布置为四跨一联，采用 MSS 55 下行式移动模架施工，每联首跨施工长度为 55m＋8m，第 2、3 跨施工长度为 55m，末跨施工长度为 47m。

箱梁混凝土设计抗压强度为 50MPa，施工过程中按规范与试验规程要求对混凝土取样制作边长为 150mm 的立方体标准试件进行强度评定，试件以同龄期者三块为一组，并以同等条件制作和养护，经试验测定，第一组三块试件强度分别为 50.5MPa、51.5MPa、61.2MPa，第二组三块试件强度分别为 50.5MPa、54.7MPa、57.1MPa，第三组三块试件强度分别为 50.1MPa、59.3MPa、68.7MPa。

问题：

分别计算或评定三组试件的混凝土强度测试值。

答案：

（本小题 3.0 分）

第一组试件强度测定值为 51.5MPa（1.0 分），第二组试件强度测定值为：(50.5＋54.7＋57.1)/3＝54.1MPa（1.0 分），第三组试件数据无效，不能用于强度测定（1.0 分）。

案 例 十 五

【2017 民航（一）部分内容】

背景资料：

某新建机场水泥混凝土跑道长 3200m，跑道运行等级为Ⅰ类精密进近，装有跑道中线灯。该工程资金来源为民航机场建设基金。施工单位甲完成了 A25～A35 段水泥稳定碎石上基层施工并进行验收，验收合格。

问题：

该基层施工应由谁组织验收？说明理由，指出参与验收的单位有哪些？

答案：

（本小题 3.0 分）

应由监理工程师或建设单位项目技术负责人组织验收（1.0 分），因为该项验收属于分项工程验收（1.0 分）。参与单位有监理单位（或建设单位）、施工单位（1.0 分）。

第九章　现场管理

核心考点	绿色施工	环境保护技术
		节材与材料资源利用技术
		节水与水资源利用技术
		节能与能源利用技术
		节地与施工用地保护技术
	施工现场平面布置	施工总平面图的设计内容
		施工总平面图设计原则
		施工总平面图设计的步骤
		总体要求
	施工临时用水	临时用水管理
		临时用水计算
		临时用水管径计算
	现场关系调解	夜间施工、断水、断电、占道等事件
		争议调解、维权
经典考题		

第一节　现场管理核心考点

考点一：《绿色施工导则》

绿色施工是指工程建设中，在保证质量、安全等基本要求的前提下，通过科学管理和技术进步，最大限度地节约资源（节材、节水、节能、节地）与减少对环境负面影响的施工活动。

一、环境保护技术考点

1.水污染控制

保护地下水环境。采用隔水性能好的边坡支护技术。在缺水地区或地下水位持续下降的地区，基坑降水尽可能少地抽取地下水；当基坑开挖抽水量大于50万 m^3 时，应进行地下水回灌，并避免地下水被污染。

2.土壤保护

对于有毒有害废弃物如电池、墨盒、油漆、涂料等应回收后交有资质的单位处理，不能作为建筑垃圾外运，避免污染土壤和地下水。

3.建筑垃圾控制

减量化计划：住宅建筑，每万平方米的建筑垃圾不宜超过400吨。

回收再利用：建筑垃圾的再利用和回收率达到30%，建筑物拆除产生的废弃物的再利用和回收率大于40%；对于碎石类、土石方类建筑垃圾，可采用地基填埋、铺路等方式提高再利用率，再利用率大于50%。

二、节材与材料资源利用技术考点

1.节材措施

（1）图纸会审时，应审核节材与材料资源利用的相关内容，达到材料损耗率比定额损耗率降低30%。

（2）根据施工进度、库存情况等合理安排材料的采购、进场时间和批次，减少库存。

（3）材料运输工具适宜，装卸方法得当，防止损坏和遗洒。根据现场平面布置情况就近卸载，避免和减少二次搬运。

（4）采取技术和管理措施提高模板、脚手架等的周转次数。

（5）优化安装工程的预留、预埋、管线路径等方案。

（6）应就地取材，施工现场500km以内生产的建筑材料用量占建筑材料总重量的70%以上。

2.结构材料

推广使用预拌混凝土和商品砂浆。结构工程使用散装水泥。

推广使用高强钢筋和高性能混凝土，减少资源消耗。

3.围护材料

外墙、门窗、屋面等围护结构选用耐候性及耐久性良好的材料，确保其密封性、防水性和保温性。

4.装饰材料

贴面类材料在施工前，应进行总体排版策划，减少非整块材的数量。

5.周转材料

（1）应选用耐用、维护与拆卸方便的周转材料和机具：定型钢模、钢框竹模、竹胶板。

（2）施工前应对模板工程的方案进行优化；优化高层建筑的外脚手架方案，采用整体提升、分段悬挑等方案。

（3）现场办公和生活用房采用周转式活动房。现场围挡应最大限度地利用已有围墙，或采用装配式可重复使用围挡封闭。力争工地临房、临挡材料的可重复使用率达到70%。

三、节水与水资源利用技术考点

1.提高用水效率

现场搅拌用水、养护用水应采取有效的节水措施，严禁无措施浇水养护混凝土。

2.非传统水源利用

（1）处于基坑降水阶段的工地，宜优先采用地下水作为混凝土搅拌用水、养护用水、冲洗用水和部分生活用水。

（2）现场机具、设备、车辆冲洗、喷洒路面、绿化浇灌等用水，优先采用非传统水源，尽量不使用市政自来水。

（3）力争施工中非传统水源和循环水的再利用量大于30%。

四、节能与能源利用技术考点

1.节能措施

在施工组织设计中，合理安排施工顺序、工作面，以减少作业区域的机具数量，相邻作业区充分利用共有的机具资源。安排施工工艺时，应优先考虑耗用电能的或其他能耗较少的施工工艺。避免设备额定功率远大于使用功率或超负荷使用设备的现象。

2.机械设备与机具

选择功率与负载相匹配的施工机械设备，避免大功率施工机械设备低负载长时间运行。合理安排工序，提高各种机械的使用率和满载率，降低各种设备的单位耗能。

3.生产、生活及办公临时设施

临时设施宜采用节能材料，墙体、屋面使用隔热性能好的材料，减少夏天空调、冬天取暖设备的使用时间及耗能量。

4.施工用电及照明

（1）临时用电优先选用节能电线和节能灯具，采用声控、光控等节能照明灯具；临电设备宜采用自动控制装置。

（2）照明设计以满足最低照度为原则，照度不应超过最低照度的20%。

五、节地与施工用地保护技术考点

1.临时用地指标

要求平面布置合理、紧凑，在满足环境、职业健康与安全及文明施工要求的前提下尽可能减少废弃地和死角，临时设施占地面积有效利用率大于90%。

2.临时用地保护

应对深基坑施工方案进行优化，减少土方开挖和回填量，最大限度地减少对土地的扰动，保护周边自然生态环境。

3.施工总平面布置

施工现场搅拌站、仓库、加工厂、作业棚、材料堆场等布置应尽量靠近已有交通线路或即将修建的正式或临时交通线路，缩短运输距离。

施工现场道路按照永久道路和临时道路相结合的原则布置。施工现场内形成环形通路，减少道路占用土地。

考点二：施工现场平面布置

根据项目总体施工部署，绘制现场不同施工阶段总平面布置图，通常有基础工程施工总平面、主体结构工程施工总平面、装饰工程施工总平面等。

一、施工总平面图的设计内容

1.相邻的地上、地下既有建（构）筑物及相关环境；

2.施工现场范围内的地形状况；

3.拟建工程和其他基础设施的位置；

4.施工现场的消防、安全、运输、加工、存储、供电、供水、供热、排水、排污、保卫和环保等设施；

5.临时施工道路；

6.办公用房和生活用房。

二、施工总平面图设计原则

1.遵守当地主管部门和建设单位关于施工现场安全文明施工的相关规定；

2.平面布置科学合理，施工场地少占用面积；

3.合理组织运输，减少二次搬运；

4.施工区域的划分应符合总体施工部署的要求，减少相互干扰；

5.符合节能、环保、安全和消防等要求；

6.充分利用既有建（构）筑物和既有设施为项目施工服务，降低临时设施的建造费用；

7.临时设施应方便生产和生活，办公区、生活区、生产区宜分离设置。

三、施工总平面图设计的步骤

1.设置大门，引入场外道路

施工现场宜考虑设置两个以上大门。

2.布置大型机械设备

布置塔吊：应考虑其覆盖范围、可吊物件的运输和堆放。

布置混凝土泵：应考虑泵管的输送距离、混凝土罐车行走方便。

3.布置仓库、堆场

一般应接近使用地点，其纵向宜与交通线路平行。

4.布置加工厂

总的指导思想是应使材料和构件的运输量小，有关联的加工厂适当集中。

5.布置内部临时运输道路

按货运量大小设计双行干道或单行循环道满足运输和消防要求。主干道宽度单行道不小于4m，双行道不小于6m。木材场两侧应有6m宽通道，端头处应有12m×12m回车场，载重车转弯半径不宜小于15m。

6.布置临时房屋

办公用房宜设在工地入口处。

7.布置临时水电管网和其他动力设施

临时总变电站应设在高压线进入工地处，尽量避免高压线穿过工地。

四、总体要求

文明施工、安全有序、整洁卫生、不扰民、不损害公众利益。

考点三：施工临时用水

一、临时用水管理

1.临时用水量包括：现场施工用水量 q_1、施工机械用水量 q_2、现场生活用水量 q_3、生活区生活用水量 q_4、消防用水量 q_5。在分别计算了以上各项用水量之后，才能确定总用水量。

2.管线穿路处均要套以铁管，并埋入地下0.6m处，以防重压；过冬的临时水管须埋在冰冻线以下或采取保温措施。

二、临时用水计算

总用水量（Q）计算：

1. 当 $(q_1+q_2+q_3+q_4) \leqslant q_5$ 时，则 $Q=q_5+(q_1+q_2+q_3+q_4)/2$；

2. 当工地面积小于 $5hm^2$，而且 $(q_1+q_2+q_3+q_4)<q_5$ 时，则 $Q=q_5$；

3. 当 $(q_1+q_2+q_3+q_4)>q_5$ 时，则 $Q=q_1+q_2+q_3+q_4$。

最后计算出总用水量（以上各项相加），还应增加10%的漏水损失。

消防用水量（q_5）：最小10L/s；施工现场在 $25hm^2$ 以内时，不大于15L/s。

三、临时用水管径计算

$Q=(\pi d^2/4)1000v$

考点四：现场关系调解

一、夜间施工、断水、断电、占道等事件——扰民类问题处理要点

1. 事先报批、办手续；
2. 提前公告（公告作业计划、影响范围程度并采取有关措施）；
3. 积极沟通、解释，取得理解和支持；
4. 施工组织设计或施工方案控制；
5. 采取措施减少影响；
6. 对于造成影响的，要给予适当经济补偿；
7. 涉及安全问题的，应采取安全防护措施；
8. 若出现意外情况，应及时报告，并通知水、电等部门抢修。

二、争议调解、维权

1. 应积极沟通、协商，争取和解或调解；
2. 书面发函催告；
3. 双方达成一致时，应签订书面协议（如补充协议、延期付款协议）；
4. 协商不成时，向有关部门报告、投诉（如招标投标问题可找招标监督机构，劳务合同问题找劳务仲裁机构）；
5. 调解不成时，通过仲裁或诉讼途径解决（或裁或审——双方有仲裁协议的应采取仲裁方式，未达成仲裁协议则可采用诉讼方式）。

第二节　现场管理经典考题

案　例　一

【2017建筑（三）部分内容】

背景资料：

施工单位安全生产管理部门在安全文明施工巡检时，发现工程告示牌及含施工总平面布置图的五牌一图布置在了现场主入口处围墙外侧，要求项目部将五牌一图布置在主入口内侧。

问题：

五牌一图还应包含哪些内容？

答案：

（本小题 5.0 分，每题 1.0 分）

五牌一图还应包含：工程概况牌、环境保护牌、消防保卫牌、安全生产牌、文明施工和管理人员名单及监督电话牌。

案 例 二

【2016 建筑（五）部分内容】

背景资料：

某住宅楼工程，场地占地面积约 10000m^2，建筑面积约 14000m^2，地下 2 层，地上 16 层，层高 2.8m，檐口高 47m，结构设计为筏板基础，剪力墙结构。施工总承包单位为外地企业，在本项目所在地设有分公司。

本工程项目经理组织编制了项目施工组织设计，经分公司技术部经理审核后，报分公司总工程师（公司总工程师授权）审批；由项目技术部门经理主持编制外脚手架（落地式）施工方案，经项目总工程师审批；专业承包单位组织编制塔吊安装拆卸方案，按照规定经专家论证后，报施工总承包单位总工程师、总监理工程师、建设单位负责人签字批准实施。

在施工现场消防技术方案中，临时施工道路（宽 4m）与施工（消防）用主水管沿在建住宅楼环状布置，消火栓设在施工道路内侧，据路中线 5m，在建住宅楼外边线道路中线 9m，施工用水管计算中，现场施工用水量（$q_1+q_2+q_3+q_4$）为 8.5L/s，官网水流速度 1.6m/s，漏水损失 10%，消防用水量按最小用水量计算。

问题：

指出施工消防技术方案的不妥之处，并写出相应的正确做法。施工总用水量是多少（单位：L/s）？施工用水主管的计算管径是多少（单位：mm，保留两位小数）？

答案：

（本小题 6.0 分）

（1）不妥之处一：消火栓设置在施工道路内侧，距路中线 5m。（0.5 分）

正确做法：消火栓距路边不应大于 2m。（0.5 分）

不妥之处二：在建住宅楼外边线距道路中线 9m。（0.5 分）

正确做法：消火栓距拟建房屋不小于 5m，且不大于 25m。（0.5 分）

（2）建筑工程消防用水量最小为 10L/s，且建筑面积＜50000m^2，因此 $q_5=10$L/s，考虑漏水损失为 10%，则施工现场总用水量为 10×(1+10%) =11L/s。（2.0 分）

（3）施工用水主管的计算管径为：

$$d=\sqrt{\frac{4Q}{\pi v1000}}=\sqrt{\frac{4\times 11}{3.14\times 1.6\times 1000}}=93.58\text{mm}\qquad (2.0\text{ 分})$$

案 例 三

【2015 建筑（五）部分内容】

背景资料：

某建筑工程，占地面积 8000m^2，地下 3 层，地上 34 层，筒体结构，结构钢筋采用

HRB400 等级，底板混凝土强度等级 C35，地上 3 层及以下核心部位混凝土强度等级为 C60。局部区域为两层通高报告厅，其主梁配置了无粘结预应力，施工企业中标后进场组织施工，施工现场场地狭小，项目部将所有材料加工全部委托给专业加工场进行场外加工。

在施工过程中，发生了下列事件：

事件 1：施工现场总平面布置设计中包含如下主要内容：（1）材料加工场地布置在场外；（2）现场设置一个出入口，出入口处设置办公用房；（3）场地附近设置 3m 宽环形载重单车道主干道（兼消防车道），并进行硬化，转弯半径 10m；（4）在道路一侧挖 400mm×600mm 管沟，将临时供电线缆、临时用水管线置于管沟内。监理工程师认为总平面布置设计存在多处不妥，责令整改后再验收，并要求补充主干道具体硬化方式和裸露场地文明施工防护措施。

事件 2：本工程推广应用《建筑业 10 项新技术（2010）》。针对“钢筋及预应力技术”大项，可以在本工程中应用的新技术均制定了详细的推广措施。

问题：

1. 针对事件 1 中施工总平面布置设计的不妥之处，分别写出正确做法，施工现场主干道常用硬化方式有哪些？裸露场地的文明施工防护通常有哪些措施？

2. 事件 2 中，按照《建筑业 10 项新技术（2010）》规定，“钢筋及预应力技术”大项中，在本工程中可以推广与应用的新技术都有哪些？

答案：

1.（本小题 9.0 分）

（1）不妥之一：材料加工场地布置在场外；（0.5 分）

正确做法：材料加工厂应布置在场内。（0.5 分）

不妥之二：现场设置一个出入口，入口处设置办公用房；（0.5 分）

正确做法：现场宜设置两个以上出入口。（0.5 分）

不妥之三：设置 3m 宽环形载重单车道主干道（兼消防车道），并进行硬化，转弯半径 10m；（0.5 分）

正确做法：设置 4m 宽环形载重单车道主干道（兼消防车道），并进行硬化，转弯半径不宜小于 15m。（0.5 分）

不妥之四：在道路一侧挖 400mm×600mm 管沟，将临时供电线缆、临时用水管线置于管沟内；（0.5 分）

正确做法：在道路两侧分别挖管沟，临时供电线缆与临时用水管线等其他管道避免设在同一侧。（0.5 分）

（2）施工现场主干道常用硬化方式有：砖石路面硬化；石灰粉煤灰碎石硬化；灰土路面硬化；碎石路边硬化；沥青碎石路面硬化；混凝土路面硬化。（共 3.0 分，每项 0.5 分）

（3）裸露场地的文明施工防护通常有：首先覆盖、固化或绿化，其次场地四周也可采用围挡封闭。（2.0 分）

2.（本小题 4.0 分）

“钢筋及预应力技术”大项中，在本工程中可以推广与应用的新技术有：高强钢筋应用技术、钢筋焊接网应用技术、大直径钢筋直螺纹连接技术、无粘结预应力技术、建筑用

成型钢筋制品加工与配送技术、有粘结预应力技术、钢筋机械锚固技术等。（共 4.0 分，每项 0.5 分）

案 例 四

【2013 建筑（五）部分内容】

背景资料：

某教学楼工程，建筑面积 1.7 万 m^2，地下 1 层，地上 6 层，檐高 25.2m，主体为框架结构，砌筑及抹灰用砂浆采用现场拌制。施工单位进场后，项目经理组织编制了《某教学楼施工组织设计》，经批准后开始施工。在施工过程中，发生了以下事件：

事件 1：根据现场条件，厂区内设置了办公区、生活区、木工加工区等生产辅助设施。临时用水进行了设计与计算。

事件 2：为了充分体现绿色施工在施工过程中的应用，项目部在临建施工及使用方案中提出了在节能和能源利用方面的技术要点。

问题：

1. 事件 1 中，《某教学楼施工组织设计》在计算临时用水总用水量时，根据用途应考虑哪些方面的用水量？

2. 事件 2 的临建施工及使用方案中，在节能和能源利用方面可以提出哪些技术要点？

答案：

1.（本小题 5.0 分）

临时用水量需要考虑：

现场施工用水量；（1.0 分）

施工机械用水量；（1.0 分）

施工现场生活用水量；（1.0 分）

生活区生活用水量；（1.0 分）

消防用水量。（1.0 分）

2.（本小题 5.0 分）

事件 2 的临建施工及使用方案中，在节能和能源利用方面可以提出的技术要点有：

（1）制定合理施工能耗指标，提高施工能源利用率。根据当地气候和自然资源条件，充分利用太阳能、地热等可再生能源。（1.0 分）

（2）优先使用国家、行业推荐的节能、高效、环保的施工设备和机具。合理安排工序，提高各种机械的使用率和满载率，降低各种设备的单位耗能。优先考虑耗用电能的或其他能耗较少的施工工艺。（1.0 分）

（3）临时设施宜采用节能材料，墙体、屋面使用隔热性能好的材料，减少夏天空调、冬天取暖设备的使用时间及耗能量。（1.0 分）

（4）临时用电优先选用节能电线和节能灯具，照明设计以满足最低照度为原则，照度不应超过最低照度的 20%。合理配置供暖、空调、风扇数量，规定使用时间，实行分段分时使用，节约用电。（1.0 分）

（5）施工现场分别设定生产、生活、办公和施工设备的用电控制指标，定期进行计量、核算、对比分析，并有预防与纠正措施。（1.0 分）

案　例　五

【2012 建筑（五）部分内容】

背景资料：

某施工单位承接了两栋住宅楼。

基坑及土方施工时设置了降水井，项目经理部针对本工程具体情况制定了《×××工程绿色施工方案》，对“四节一环保”提出了具体技术措施，实施中取得了良好的效果。

问题：

该工程《×××工程绿色施工方案》在节水方面应提出哪些主要技术要点？

答案：

（本小题 5.0 分）

节水的主要技术要点：

（1）采用先进的节水施工工艺；（1.0 分）

（2）对搅拌用水、养护用水应采取有效的节水措施，对车辆、设备的冲洗用水应设置循环装置；（1.0 分）

（3）对临时用水应使用节水型产品，对工程用水、生活用水应确定定额指标，并分别计量管理；（1.0 分）

（4）冲洗车辆、喷洒路面、浇灌绿化，应优先选用非传统水源；（1.0 分）

（5）采用隔水性能好的边坡支护技术，尽可能少地抽取地下水；当抽水量大于 50 万 m^3 时，应进行地下水回灌。（1.0 分）

案　例　六

【2017 机电（四）部分内容】

背景资料：

在项目施工阶段，项目参加全国建筑业绿色施工示范工程的过程检查。专家对机电工程采用 BIM 技术优化管线排布、风管采用工厂化加工、现场用水用电控制管理等方面给予表扬，检查得 92 分，综合评价等级为优良。

问题：

绿色施工评价指标按其重要性和难易程度分为哪三类？单位工程施工阶段的绿色施工评价由哪个单位负责组织？

答案：

（本小题 5.0 分）

绿色施工评价指标按其重要性和难易程度分为：控制项、一般项、优选项。（3.0 分）

单位工程施工阶段的绿色施工评价应由监理单位负责组织，建设单位和项目部参加。（2.0 分）

案　例　七

【2016 机电（四）部分内容】

背景资料：

A 公司总工程师指出项目部编制的进度计划中某两个施工内容的工作时间安排不合

理，不符合安全技术措施要求，重点是防止触电的安全技术措施和草原绿色施工（环境保护）要点。

问题：

写出本工程绿色施工中的土壤保护要点。

答案：

（本小题 5.0 分）

（1）保护地表环境，防止土壤侵蚀、流失。因施工造成的裸土应及时覆盖。（1.0 分）

（2）污水处理设施等不发生堵塞、渗漏、溢出等现象。（1.0 分）

（3）防腐保温用油漆、绝缘脂和易产生粉尘的材料等应妥善保管，对现场地面造成污染时应及时进行清理。（1.0 分）

（4）对于有毒有害废弃物应回收后交有资质的单位处理，不能作为建筑垃圾外运。（1.0 分）

（5）施工后应恢复施工活动破坏（1.0 分）

案 例 八

【2015 机电（一）部分内容】

背景资料：

A 公司项目部制定了绿色施工管理和环境保护的绿色施工措施，提交建设单位后，建设单位认为绿色施工内容不能满足施工要求，建议补充完善。

问题：

绿色施工要点还应包括哪些方面的内容？

答案：

（本小题 4.0 分）

题干中仅制订了“绿色施工管理”和“环境保护”的绿色施工措施，还应包括：

节材与材料资源利用；（1.0 分）

节水与水资源利用；（1.0 分）

节能与能源利用；（1.0 分）

节地与施工用地保护。（1.0 分）

案 例 九

【2014 机电（一）部分内容】

背景资料：

由于工期较紧，施工总承包单位安排了钢结构构件进场和焊接作业夜间施工，因噪声扰民被投诉。当地有关部门查处时，实测施工场界噪声值为 75dB（A）。

问题：

写出施工总承包单位组织夜间施工的正确做法。

答案：

（本小题 5.0 分）

（1）夜间施工需取得夜间施工许可证。（1.0 分）

（2）在施工场界对噪声进行实时监测与控制，现场噪声排放不得超过国家标准《建筑施工场界环境噪声排放标准》GB 12523—2011 的规定，夜间噪声排放值控制在 55dB 以下。（1.0 分）

（3）尽量采用低噪声、低振动的工具，采取隔声与隔振措施。（1.0 分）

（4）夜间电焊作业应采取遮挡措施，避免电焊弧光外泄。（1.0 分）

（5）大型照明灯应控制照射角度，防止强光外泄，并且张贴告示，征得居民谅解。（1.0 分）

案　例　十

【2017 水利（二）部分内容】

背景资料：

某河道整治工程的主要施工内容有河道疏浚、原堤防加固、新堤防填筑等。承包人依据《水利水电工程标准施工招标文件》（2009 年版）与发包人签订了施工合同，合同约定工期为 9 个月（每月按 30 天计算，下同），2015 年 10 月 1 日开工。

施工过程中，项目经理因患病经常短期离开施工现场就医，鉴于项目经理健康状况，承包人按合同规定履行相关程序后，更换了项目经理。

问题：

分别说明项目经理短期离开施工现场和承包人更换项目经理应履行的程序。

答案：

（本小题 4.0 分）

承包人项目经理短期离开施工场地，应事先征得监理人同意（1.0 分），并委派代表代行其职责（1.0 分）；更换项目经理应事先征得发包人同意（1.0 分），并应在更换 14 天前通知发包人和监理人（1.0 分）。

第十章 规范标准

<table>
<tr><td rowspan="16">核心考点</td><td rowspan="2">项目管理规划</td><td>规划的作用</td></tr>
<tr><td>项目管理实施规划遵循的程序</td></tr>
<tr><td>项目组织管理</td><td>项目经理部建立</td></tr>
<tr><td rowspan="2">项目经理责任制</td><td>项目经理责任制的核心</td></tr>
<tr><td>项目管理目标责任书依据的资料</td></tr>
<tr><td rowspan="5">项目合同管理</td><td>合同管理应遵循的程序</td></tr>
<tr><td>合同评审内容</td></tr>
<tr><td>合同实施计划</td></tr>
<tr><td>合同实施控制内容</td></tr>
<tr><td>合同总结报告</td></tr>
<tr><td colspan="2">项目进度管理</td></tr>
<tr><td colspan="2">项目质量管理</td></tr>
<tr><td colspan="2">项目职业健康安全管理</td></tr>
<tr><td colspan="2">项目绿色建造与环境管理</td></tr>
<tr><td colspan="2">项目成本管理</td></tr>
<tr><td colspan="2">项目资源管理</td></tr>
<tr><td></td><td colspan="2">项目收尾管理</td></tr>
<tr><td colspan="3">经典考题</td></tr>
</table>

第一节 规范标准核心考点

考点一：项目管理策划

项目管理策划应由项目管理规划策划和项目管理配套策划组成。项目管理规划策划应包括项目管理规划大纲和项目管理实施规划；项目管理配套策划应包括项目管理规划策划以外的所有项目管理策划内容。

项目管理策划应遵循下列程序：识别项目管理范围；进行项目工作分解；确定项目的实施方法；规定项目需要的各种资源；测算项目成本；对各个项目管理过程进行策划。

考点二：项目管理责任制

建立项目经理部应遵循下列步骤：

(1) 根据项目管理规划大纲确定项目经理部的管理任务与组织结构；

（2）根据项目管理目标责任书进行目标分解与责任划分；
（3）确定项目经理部的组织设置；
（4）确定人员的职责、分工与权限；
（5）制定工作制度、考核制度与奖惩制度。

考点三：项目合同管理

1.承包人的合同管理应遵循下列程序：
（1）合同评审；
（2）合同订立；
（3）合同实施计划；
（4）合同实施控制；
（5）合同管理总结。
2.合同评审应包括下列内容：
（1）合法性、合规性评审；
（2）合理性、可行性评审；
（3）严密性、完整性评审；
（4）与产品或过程有关要求的评审；
（5）合同风险评估。

考点四：项目进度管理

1.项目经理部应按下列程序进行进度管理：
（1）制订进度计划；
（2）进度计划交底，落实管理责任；
（3）实施进度计划；
（4）进行进度控制和变更管理。
2.各类进度计划应包括下列内容：编制说明、进度计划表、资源需要量及供应平衡表。
3.进度计划的检查应包括下列内容：工程量的完成情况；工作时间的执行情况；资源使用及进度的匹配情况；上次检查提出问题的整改情况。
4.进度计划的调整应包括下列内容：工程量；起止时间；工作关系；必要的目标调整。

考点五：项目质量管理

质量管理应坚持缺陷预防原则：按照策划、实施、检查、处置的循环方式进行系统运作。

考点六：项目成本管理

1.项目管理机构应按规定的会计周期进行项目成本核算。项目成本核算应坚持形象进度、产值统计、成本归集同步的原则，项目管理机构应编制项目成本报告。

2.组织应以项目成本降低额、项目成本降低率作为对项目管理机构成本考核的主要指标。

考点七：项目资源管理

1.项目管理机构应编制人力资源需求计划、人力资源配置计划和人力资源培训计划。

2.项目管理人员应在意识、培训、经验、能力方面满足规定要求。

考点八：风险管理

1.项目风险管理应包括下列程序：风险识别；风险评估；风险应对；风险监控。

2.项目管理机构应采取下列措施应对负面风险：风险规避；风险减轻；风险转移；风险自留。

考点九：项目收尾管理

1.发包人接到工程承包人提交的工程竣工验收申请后，组织工程竣工验收，验收合格后编写竣工验收报告。工程竣工验收后，承包人应在合同约定的期限内进行工程移交。

2.工程竣工结算应由承包人实施，发包人审查，双方共同确认后支付。

3.发包人应依据规定编制并实施工程竣工决算。工程竣工决算应包括下列内容：工程竣工财务决算说明书；工程竣工财务决算报表；工程造价分析表。

考点十：管理绩效评价

组织应根据项目管理绩效评价需求规定适宜的评价结论等级，以百分制形式进行项目管理绩效评价的结论，宜分为优秀、良好、合格、不合格四个等级。

第二节　规范标准经典考题

案　例　一

【2019建筑（五）部分内容】

背景资料：

某写字楼工程，施工总承包单位任命李某为该工程的项目经理，并规定其有权决定授权范围内的项目资金投入和使用。

问题：

根据《建设工程项目管理规范》的规定，项目经理的权限还应有哪些？

答案：

（本小题4.0分）

（1）参与项目投标和合同签订；（0.5分）

（2）参与组建项目经理部；（0.5分）

（3）参与选择并使用具有相应资质的分包人；（0.5分）

（4）参与选择物资供应单位；（0.5分）

（5）在授权范围内协调与项目有关的内外部关系；（0.5分）

（6）主持项目经理部的日常工作；（0.5分）

（7）制定内部计酬办法；（0.5分）

（8）法定代表人授予的其他权力。（0.5分）

案例二

【2019建筑（五）部分内容】

背景资料：

项目部制定了项目风险管理制度和应对负面风险的措施。规范了包括风险识别、风险应对等风险管理程序的管理流程；制定了向保险公司投保的风险转移等措施，达到了应对负面风险管理的目的。

问题：

项目风险管理程序还有哪些？应对负面风险的措施还有哪些？

答案：

（本小题5.0分）

项目风险管理程序还应包括：风险评估（1.0分）；风险监控（1.0分）。

项目管理机构应采取下列措施应对负面风险：风险规避（1.0分）；风险减轻（1.0分）；风险自留（1.0分）。

案　例　三

【2018建筑（三）部分内容】

背景材料：

某新建高层住宅工程建筑面积16000m^2，地下1层，地上12层，二层以下为现浇钢筋混凝土结构，二层以上为装配式混凝土结构，预制墙板钢筋采用套筒灌浆连接施工工艺。

施工总承包合同签订后，施工单位项目经理遵循项目质量管理程序，按照质量管理PDCA循环工作方法持续改进质量工作。

问题：

写出PDCA工作方法内容，其中“A”的工作内容有哪些？

答案：

（本小题5.0分）

计划P（1.0分）；实施D（1.0分）；检查C（1.0分）；处置A（1.0分）；A处置分纠偏和预防改进两个方面（1.0分）。

案　例　四

【2017建筑（一）部分内容】

背景资料：

某新建别墅群项目，总建筑面积45000m^2，各幢别墅均为地下1层，地上3层，砖混结构。某施工总承包单位项目部按幢编制了单幢工程施工进度计划。现场监理工程师在审核该进度计划后，要求施工单位制定进度计划和包括材料需求计划在内的资源需求计划，以确保该工程在计划日历天内竣工。

问题：

项目部除了材料需求计划外，还应编制哪些资源需求计划？

答案：

（本小题4.0分）

资源需求计划还应包括：

劳动力需求计划；（1.0分）

施工机械和设备需求计划；（1.0分）

资金需求计划；（1.0分）

预制构件需求计划。（1.0分）

案　例　五

【2017建筑（四）部分内容】

背景资料：

某建设单位投资兴建一办公楼，投资概算25000万元，建筑面积21000m^2；钢筋混凝土框架一剪力墙结构，地下2层，层高4.5m；地上18层，层高3.6m。采取工程总承包交钥匙方式对外公开招标，招标范围为工程至交付使用全过程。经公开招标投标，A工程总承包单位中标。A单位对工程施工等工程内容进行了招标。

问题：

除设计阶段、施工阶段以外，工程总承包项目管理的基本程序还有哪些？

答案：

（本小题2.0分）

工程总承包项目管理的基本程序还有：采购（1.0分）、试运行（1.0分）。

案　例　六

【2012建筑（四）部分内容】

背景资料：

某酒店建设工程，甲施工单位与建设单位签订施工总承包合同后，按照《建设工程项目管理规范》GB/T 50326—2006进行了合同管理工作。

问题：

甲施工单位进行合同管理工作应执行哪些程序？

答案：

（本小题6.0分）

进行合同管理工作应执行的程序包括：

（1）合同评审；（1.0分）

（2）合同订立；（1.0分）

（3）合同实施计划；（1.0分）

（4）合同实施控制；（1.0分）

(5) 合同综合评价； (1.0分)

(6) 有关知识产权的合法使用。 (1.0分)

案 例 七

【2011建筑（五）部分内容】

背景资料：

某建筑工程，施工总承包单位编制了《项目安全管理实施计划》，内容包括“项目安全管理目标”“项目安全管理机构和职责”“项目安全管理主要措施”三方面内容，并规定项目安全管理工作贯穿施工阶段。

问题：

1.项目安全管理实施计划还应包括哪些内容？

2.工程总承包单位安全管理工作应贯穿哪些阶段？

答案：

1.(本小题3.0分)

还应包括的内容有：

(1) 项目安全危险源的识别与控制技术和管理措施； (1.0分)

(2) 对从事危险环境下的专业人员的培训教育计划； (1.0分)

(3) 对危险源及其风险规避的宣传与警示方式。 (1.0分)

2.(本小题2.0分)

安全管理所涉及的阶段：设计阶段、采购阶段、施工阶段、试运行阶段。 (2.0分)

案 例 八

【2010建筑（五）】

背景资料：

某办公楼工程，建筑面积153000m^2，地下2层，地上30层，建筑物总高度136.6m，地下钢筋混凝土结构，地上型钢混凝土组合结构，基础埋深8.4m。

施工单位项目经理根据《建设工程项目管理规范》GB/T 50326—2006，主持编制了项目管理实施规划，包括工程概况、组织方案、技术方案、风险管理计划、项目沟通管理计划、项目收尾管理计划、项目现场平面布置图、项目目标控制措施、技术经济指标等十六项内容。

风险管理计划中将基坑土方开挖施工作为风险管理的重点之一，评估其施工时发生基坑坍塌的概率为中等，且风险发生后将造成重大损失。为此，项目经理部组织建立了风险管理体系，指派项目技术部门主管风险管理工作。

项目经理指派项目技术负责人组织编制了项目沟通计划。该计划中明确项目经理部与内部作业层之间依据《项目管理目标责任书》进行沟通和协调；外部沟通可采用电话、传真、协商会等方式进行；当出现矛盾和冲突时，应借助政府、社会、中介机构等各种力量来解决问题。

工程进入地上结构施工阶段，现场晚上11点后不再进行土建作业，但安排了钢结构焊接连续作业。由于受城市交通管制，运输材料、构件的车辆均在凌晨3～6点之间进出现场。项目经理部未办理夜间施工许可证。附近居民投诉：夜间噪声过大、光线刺眼，且不知晓当日施工安排。项目经理派安全员接待了来访人员。之后，项目经理部向政府环境保护部门进行了申报登记，并委托某专业公司进行了噪声检测。

项目收尾阶段，项目经理部依据项目收尾管理计划，开展了各项工作。

问题：

1.项目管理实施规划还应包括哪些内容（至少列出三项）?

2.评估基坑土方开挖施工的风险等级。风险管理体系应配合项目经理部哪两个管理体系进行组织建立？指出风险管理计划中项目经理部工作的不妥之处。

3.指出上述项目沟通管理计划中的不妥之处，说明正确做法。外部沟通还有哪些常见方式?

4.根据《建筑施工场界噪声限值》GB 12523—90，结构施工阶段昼间和夜间的场界噪声限值分别是多少？针对本工程夜间施工扰民事件，写出项目经理部应采取的正确做法。

5.项目收尾管理主要包括哪些方面的管理工作?

答案：

1.(本小题 3.0 分)

(1) 总体工作计划；

(2) 成本计划；

(3) 进度计划；

(4) 质量计划；

(5) 职业健康安全与环境管理计划；

(6) 资源需求计划；

(7) 信息管理计划。

(评分准则：列出三项正确的，即得 3.0 分)

2.(本小题 6.0 分)

(1) 基坑土方开挖施工的风险等级为重大风险，因为基坑坍塌的概率为中等，且风险发生后将造成重大损失，根据风险等级划分表，该类风险为重大风险。 (2.0 分)

(2) 风险管理体系应配合项目经理部的《项目质量管理体系》《职业健康安全管理体系与环境管理体系》进行组织建立。 (2.0 分)

(3) 不妥之处："指派项目技术部门主管风险管理工作"不妥；因为风险管理涉及各个工作部门，应明确各部门各管理人员的风险管理职责与权限。 (2.0 分)

3.(本小题 7.0 分)

(1) 不妥之处：

1)"内部沟通仅按《项目管理目标责任书》进行沟通和协调"不妥； (1.0 分)

正确做法：项目内部沟通应依据项目沟通计划、规章制度、项目管理目标责任书、控制目标等进行。 (1.0 分)

2)"当出现矛盾时借助政府、社会、中介机构等各种力量来解决。"不妥； (1.0 分)

正确做法：解决矛盾和冲突可采用下列方法：包括使项目的相关方了解项目计划，明确项目目标；协商、让步、缓和、强制和退出。 (1.0 分)

(2) 外部沟通还有联合检查、宣传媒体和项目进展报告等方式。 (3.0 分)

4.（本小题 8.0 分）

（1）夜间 55dB，昼间 70dB。（2.0 分）

（2）项目经理部应采取的正确做法：

1）及时向政府有关部门申请补办夜间施工许可证；（1.0 分）

2）及时向政府投诉部门做出深刻检讨，接受其批评和处罚；（1.0 分）

3）及时公告社区居民；（1.0 分）

4）做好接待、解释、安抚工作；（1.0 分）

5）严格控制施工噪声；（1.0 分）

6）严格控制施工焊接产生的光污染。（1.0 分）

5.（本小题 6.0 分）

项目收尾管理主要包括竣工收尾、验收、结算、决算、回访保修、管理考核评价等方面的管理。（6.0 分）

全国一级建造师执业资格考试
《专业工程管理与实务》
实务操作和案例分析题标准答案与模板

一、清单计价规范

背景资料:

某工程项目施工承包合同规定：规费费率3.5%，以分部分项工程费为基础计算；综合税率3.41%。在施工过程中，发生了以下事件：

事件1：在工程进行到第2个月时，发包人要求设计变更，增加一项花岗石墙面工程，由发包人提供花岗石材料，双方商定该项综合单价中的管理费、利润均以人工费与机械费之和为基础，管理费费率取40%，利润率为14%。变更工程的相关信息见表1（单位：m^2）。

表1

项目名称	单位	消耗量	市场价（元）
综合工日	工日	0.56	60.00
白水泥	kg	0.155	0.80
花岗石	m^2	1.06	530.00
水泥砂浆	m^3	0.0299	240.00
其他材料费	元		6.40
搅拌机	台班	0.0052	49.18
切割机	台班	0.0969	52.00

事件2：在工程进行到第4个月时，施工单位按计划进度完成了200万元建安工程造价，同时还完成了发包人要求增加的一项工作内容，经工程师计量后的该工作工程量为$260m^2$，经发包人批准的综合单价为352元/m^2。

问题:

1.计算花岗石墙面工程的综合单价。

2.列式计算第4个月的已完工程款为多少万元?

(计算过程及结果均保留两位小数)

答案:

1.(本小题7.0分)

(1) 0.56×60=33.60元/m^2； (1.0分)

(2) 0.155×0.8+1.06×530+0.0299×240+6.4=575.50元/m^2； (1.0分)

(3) 0.0052×49.18+0.0969×52=5.29元/m^2； (1.0分)

33.60+5.29=38.89元/m^2； (1.0分)

(4) 38.89×40%=15.56 元/m^2； (1.0 分)

(5) 38.89×14%=5.44 元/m^2； (1.0 分)

综合单价：33.6+575.5+5.29+15.56+5.44=635.39 元/m^2。 (1.0 分)

2.（本小题 4.0 分）

(1) 200 万元；

(2) 260×352×1.035×1.0341=9.80 万元； (3.0 分)

200+9.8=209.8 万元。 (1.0 分)

二、工程款管理

背景资料：

某项目由 A、B、C 三个分项工程组成，通过清单招标确定了中标人，并签订了施工合同，合同工期为 5 个月，各月计划工程量及相应分项工程的综合单价见表 2。

表 2

项目	1	2	3	4	5	综合单价（元/m^3）
A	500m^3	600m^3				180
B		750m^3	800m^3			480
C			950m^3	1100m^3	1000m^3	375

合同规定：

(1) 开工前，发包方向承包方支付分部分项工程费的 15%作为材料预付款，预付款从工程开工后的第 2 个月开始分 3 个月均摊抵扣。

(2) 工程量价款按月计量支付，发包方每月支付承包方已完分部分项工程款的 90%。

(3) 措施项目工程款在开工前和开工后的第 1 个月末分两次全额平均支付。

(4) 每一分项工程实际累计完成工程量超过计划累计完成工程量 10%以上时，该分项工程超出部分的工程量综合调整系数取 0.95。

(5) 措施项目费以分部分项工程费的 2%计取。

(6) 其他项目费为 20.86 万元。

(7) 规费综合费率为 3.5%，综合税率为 3.35%。

经工程师确认的前 3 个月已完实际工程量见表 3（单位：m^3）。

表 3

项目	1	2	3
A	630	600	
B		750	1000
C			950

问题：

1. 工程合同价为多少万元？

2. 材料预付款为多少万元？

3. 开工前承包方应得措施项目工程款为多少万元？

4. 计算第 1、2、3 个月工程师应确认的工程款各为多少万元？

（计算过程及结果均保留两位小数）

答案：

1.（本小题 5.0 分）

（1）A：500＋600＝1100m^3，1100×180＝19.80 万元；

B：750＋800＝1550m^3，1550×480＝74.40 万元；

C：950＋1100＋1000＝3050m^3，3050×375＝114.38 万元；

小计：19.8＋74.4＋114.38＝208.58 万元。（3.0 分）

（2）208.58×2％＝4.17 万元。（1.0 分）

（3）20.86 万元。

（208.58＋4.17＋20.86）×1.035×1.0335＝249.89 万元。（1.0 分）

2.（本小题 2.0 分）

208.58×15％＝31.29 万元。（2.0 分）

3.（本小题 2.0 分）

4.17×1.035×1.0335×50％＝2.23 万元。（2.0 分）

4.（本小题 11.0 分）

（1）① 630×180＝11.34 万元；（1.0 分）

②4.17×50％＝2.09 万元；（1.0 分）

③ 0；

（11.34×90％＋2.09）×1.035×1.0335＝13.15 万元。（1.0 分）

（2）① A：630＋600＝1230m^3，（1230－1100）/1100＝11.82％＞10％；

超出部分调价为 180×0.95＝171 元/m^3；（0.5 分）

调价量 1230－1100×1.1＝20m^3；（0.5 分）

原价量 600－20＝580m^3；（0.5 分）

580×180＋20×171＋750×480＝46.78 万元；（1.0 分）

② 0；

③ 0；

46.78×1.035×1.0335×90％－31.29/3＝34.61 万元。（1.0 分）

（3）① B：750＋1000＝1750m^3，（1750－1550）/1550＝12.9％＞10％；（0.5 分）

超出部分调价为 480×0.95＝456 元/m^3；（0.5 分）

调价量 1750－1550×1.1＝45m^3；（0.5 分）

原价量 1000－45＝955m^3；（0.5 分）

955×480＋45×456＋950×375＝83.52 万元；（1.0 分）

② 0；

③ 0；

83.52×1.035×1.0335×90％－31.29/3＝69.98 万元。（1.0 分）

三、成本管理

背景材料：

2013 年 9 月，某通信工程施工单位中标一个本地传输网工程。根据预算，其建筑安装工程费为 140 万元，其中材料费为 40 万元，材料由建设单位负责采购。施工费按建筑安装工程费减去材料费后的80%计取，安全生产费按合同规定计取。施工单位和建设单位签订合同为81.2万，其中施工费为80万元，安全生产费为1.2万元。合同约定2013年10月18日工程开工，工期为84日历天，合同未就保修期和质量保证金作明确约定。

开工前，项目经理部编制了进度计划横道图，并依据本单位企业定额标注了每项工作的成本强度，如图1所示。

开工后，建设单位提出工程变更，要求新增一个站点以及相应的光缆线路，并委托设计单位增加了单项设计，预算建筑安装工程费8万元，其中材料费为4.5万元，施工单位包工包材料，施工费按中标的折扣计取。

在施工单位的努力下，工程如期完工并完成终验，工程于2014年1月31日投入使用。

工作名称	成本强度（千元/周）	工程进度（周）											
		1	2	3	4	5	6	7	8	9	10	11	12
施工准备	10	——											
光缆敷设、接续和成端	45		——	——	——	——	——	——					
设备安装	35		——	——	——	——	——						
光中继段测试	25							——	——				
设备本机测试	40						——	——	——				
系统测试	30									——	——		
工程收尾	10										——	——	——

图1

问题：

1. 绘制最初的成本计划的直方图，时间-成本累计曲线。
2. 施工单位和建设单位签订的施工合同价款是否合理？说明原因，给出计算过程。
3. 建设单位提出工程变更是否合理？说明理由。
4. 计算工程竣工结算价款，列出计算式。
5. 本工程质量保证金如何计取？什么时间结清？
6. 指出企业定额可以用于施工单位哪些管理活动？

答案：

1.（本小题6.0分）

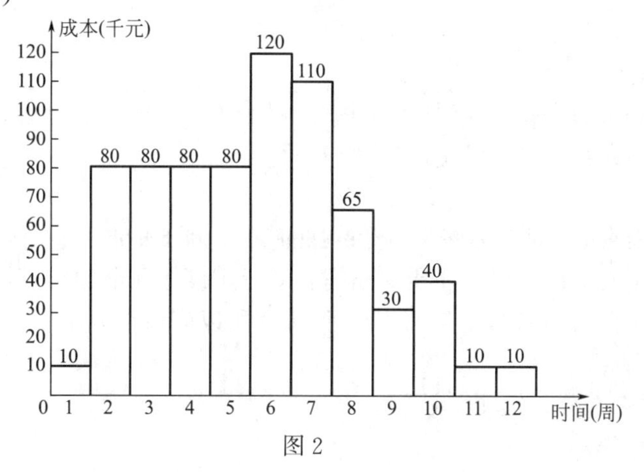

图2

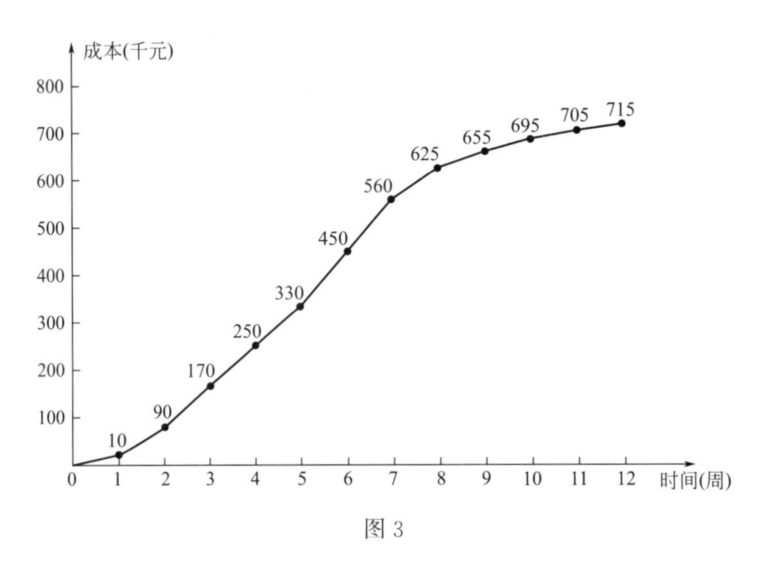

图 3

2.(本小题 5.0 分)

签订合同的价款不合理，因为安全生产费不应该按施工费 80 万元计取，而应该按照建筑安装工程费 140 万元的 1.5%计取。(2.0 分)

所以合同价款计算如下：

施工费：(140－40)×80%＝80 万元；(1.0 分)

安全生产费：140×1.5%＝2.1 万元；(1.0 分)

合同价款总额：80＋2.1＝82.1 万元。(1.0 分)

3.(本小题 3.0 分)

建设单位提出工程变更是合理的。(1.0 分)

因为本地传输网工程包含设备和线路，变更增加的光缆线路在合同范围内。(2.0 分)

4.(本小题 5.0 分)

计算工程竣工结算价款，列出计算式。

(1) 原工程价款：82.1 万元；(1.0 分)

(2) 新增工程量费用：

施工费：(8－4.5)×80%＝2.8 万元；

安全生产费：8×1.5%＝0.12 万元；

材料费：4.5 万元；

新增工程总费用：2.8＋0.12＋4.5＝7.42 万元。(2.0 分)

(3) 竣工结算款为：82.1＋7.42＝89.52 万元。(2.0 分)

5.(本小题 4.0 分)

(1) 本工程质量保证金为竣工结算价款的 5%，即 89.52×5%＝4.476 万元；(2.0 分)

(2) 工程正式交付使用后在质保期满后进行质量保证金的结算，由于本合同没有约定保修期，所以工程的保修期按照 12 个月计算，所以应该在 2015 年 1 月 31 日结清。

(2.0 分)

6.(本小题 7.0 分，每项 1.0 分)

(1) 投标报价；

（2）合同签订；

（3）成本计划的编制；

（4）成本指标的下达；

（5）工作量的分配；

（6）材料的使用；

（7）成本控制责任制的考核等。

四、流水施工

背景资料：

某施工单位承接了一座 4×20m 简支梁桥工程。桥梁采用扩大基础，墩身平均高 10m。项目为单价合同，且全部钢筋由业主提供，其余材料由施工单位自采或自购。

项目部拟就 1 号～3 号排架组织流水施工，各段流水节拍见表 4。

表 4

	1 号排架	2 号排架	3 号排架
A 基础施工	10	12	15
B 墩身施工	15	20	15
C 盖梁施工	10	10	10

（注：表中排架由基础、墩身和盖梁三部分组成）

根据施工组织和技术要求，基础施工完成后至少 10 天才能施工墩身。

施工期间，施工单位准备开始墩身施工时，由于供应商的失误，将一批不合格的钢筋运到施工现场，致使墩身施工推迟了 10 天开始，承包商拟就此向业主提出工期和费用索赔。

问题：

1. 列式计算流水工期。

2. 绘制流水施工横道图。

3. 针对上述事件，承包商是否可以提出工期和费用索赔？说明理由。

答案：

1.（本小题 8.0 分）

（1）A 和 B 的流水步距

	10	22	37	
—)		15	35	50
	10	7	2	−50

（2.0 分）

名义 $K_{A,B}=\max\{10, 7, 2, -50\}=10$ 天；（1.0 分）

实际 $K_{A,B}=10+10=20$ 天。

（2）B 和 C 的流水步距

	15	35	50	
—)		10	20	30
	15	25	30	−30

（2.0 分）

名义 $K_{B,C}=\max\{15, 25, 30, -30\}=30$ 天；（1.0 分）

实际 $K_{B,C}$=30 天。

(3) $T=\sum K+\sum t_n+\sum J-\sum C$=(10+30)+(10+10+10)+10=80 天。 (2.0 分)

2.(本小题 5.0 分)

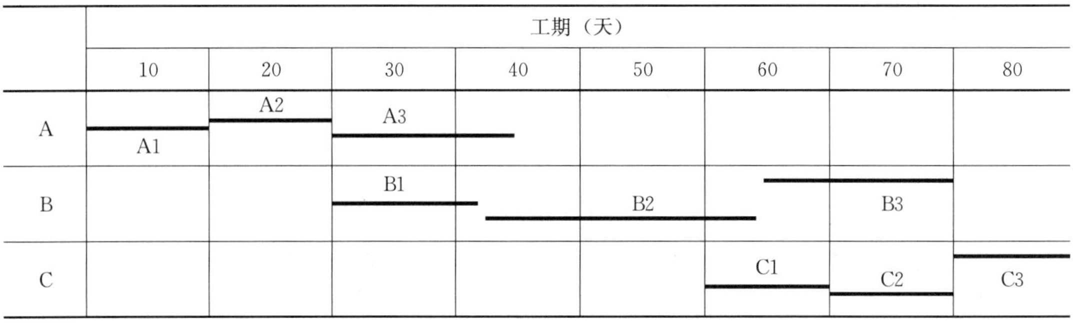

	工期(天)							
	10	20	30	40	50	60	70	80
A	A1	A2	A3					
B			B1		B2		B3	
C						C1	C2	C3

图 4

3.(本小题 3.0 分)

可以提出工期和费用索赔; (1.0 分)

因为全部钢筋由业主提供,钢筋不合格是业主应承担的责任。 (2.0 分)

五、网络计划(工期优化)

背景资料:

某工程,网络计划如图 5 所示。

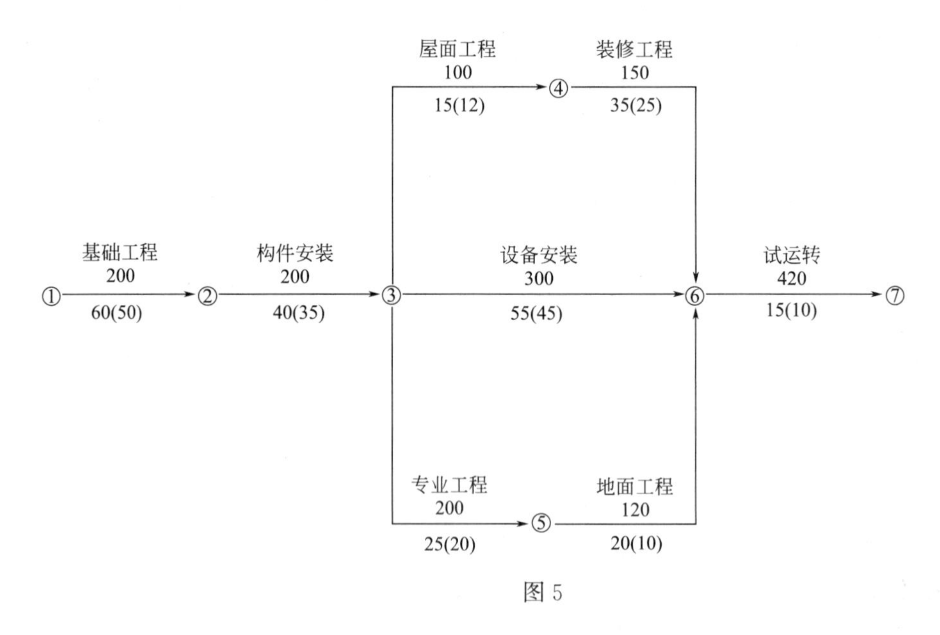

图 5

在施工过程中,第 75 天下班时刻进度检查时,基础工程刚刚完成。

问题:

如何调整原计划,既经济又能保证原计划工期?写出调整步骤。

答案:

(准则:压缩、工期、增费少)

（1）第 75 天检查时，基础工程刚刚完成，工期拖后 75－60＝15 天。（1.0 分）

（2）调整步骤：

1）压缩②～③工作 5 天，工期缩短 5 天，增加费用最少：200×5＝1000 元；（1.5 分）

2）压缩③～⑥工作 5 天，工期缩短 5 天，增加费用最少：300×5＝1500 元；（1.5 分）

3）同时压缩③～⑥和③～④3 天，工期缩短 3 天，增加费用最少：400×3＝1200 元；（2.0 分）

4）压缩⑥～⑦工作 2 天，工期缩短 2 天，增加费用最少：420×2＝840 元。（1.5 分）

（3）调整方案：压缩②～③工作 5 天、③～⑥工作 8 天、③～④工作 3 天、⑥～⑦工作 2 天；增加费用 100＋1500＋1200＋840＝4540 元，为最少费用。（2.0 分）

六、网络计划（网络与流水）

背景资料：

某工程，合同工期 20 个月。经总监审核批准的施工进度计划如图 6 所示（单位：月）。

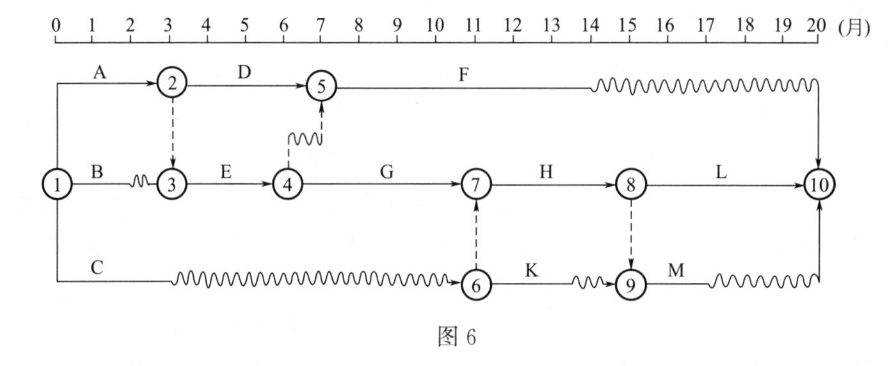

图 6

施工过程中，当工作 G 开始之时检查实际进度，发现此前施工进度正常。此时，建设单位与施工单位协商将工期提前 4 个月。施工单位提出如下赶工方案，得到总监的同意。

该方案将 G、H、L 三项工作均分成两个施工段组织流水施工，流水节拍依次分别为（2，3）、（2，2）、（2，3）。

问题：

1. 写出以工作字母表示的关键线路。

2. 计算 G、H、L 工作组织流水施工的流水工期为多少个月？

3. 组织流水施工后，工程总工期能否提前 4 个月？为什么？

答案：

（准则：网络、流水、两工期）

1.（本小题 2.5 分）

关键线路：A→E→G→H→L（2.5 分）

2.（本小题 4.5 分）

（1）G 工作与 H 工作的流水步距

$$\begin{array}{rrrr} & 2 & 5 & \\ -) & & 2 & 4 \\ \hline & 2 & 3 & -4 \end{array}$$

$K_{G,H}=3$ 个月（1.5 分）

（2）H 工作与 L 工作的流水步距

$$\begin{array}{rrrr} & 2 & 4 & \\ -) & & 2 & 5 \\ \hline & 2 & 2 & -5 \end{array}$$

$K_{H,L}=2$ 个月（1.5 分）

$T=\sum K+\sum t_n+\sum J-\sum C=(3+2)+(2+3)=10$ 个月（1.5 分）

3.（本小题 4.0 分）

工程总工期能够提前 4 个月，因为关键线路为 A→E→G→H→L，原计划中 G—H—L 的持续时间为 5＋4＋5＝14 天，组织流水施工后的持续时间为 10 个月，14－10＝4 个月，同时其他线路的持续时间均满足总工期提前 4 个月的要求。（4.0 分）

七、施工质量验收

背景资料：

某建筑公司承接了一项综合楼任务，建筑面积 100828m²，地下 3 层，地上 26 层，箱形基础，主体为框架-剪力墙结构。该项目地处城市主要街道交叉路口，是该地区的标志性建筑物。因此，施工单位在施工过程中加强了对工序质量的控制。

在第 10 层混凝土部分试块检测时发现强度达不到设计要求，但实体经有资质的检测单位检测鉴定，强度达到了设计要求。由于加强了预防和检查，没有再发生类似情况。

建设单位项目负责人组织对工程进行检查验收，施工单位分别填写了《单位工程竣工验收记录表》中的“验收记录”“验收结论”“综合验收结论”。“综合验收结论”为“合格”。参加验收单位人员分别进行了签字。政府质量监督部门认为一些做法不妥，要求改正。

问题：

1. 第 10 层的质量问题是否需要处理？说明理由。

2. 如果第 10 层实体混凝土强度经检测达不到要求，施工单位应如何处理？

3.《单位工程质量竣工验收表》中“验收记录”“验收结论”“综合验收结论”应该由哪些单位填写？“综合验收结论”应该包含哪些内容？

答案：

1.（本小题 2.0 分）

不需要处理；（1.0 分）

理由：经有资质的检测单位鉴定强度达到了设计要求，可以予以验收。（1.0 分）

2.（本小题 8.0 分）

（1）请设计单位核算，如果能够满足结构安全，可以予以验收。（2.0 分）

（2）如果不能满足结构安全，请设计单位编制技术处理方案，经监理工程师审核确认后，由施工单位进行处理。（2.0 分）

（3）经加固补强后能够满足结构安全，可以予以验收。（2.0分）

（4）经加固补强后仍不能满足结构安全的，应返工重做。（2.0分）

3.（本小题6.0分）

（1）验收记录由施工单位填写；（1.0分）

验收结论由监理单位填写；（1.0分）

综合验收结论经参加验收的各方共同商定，由建设单位填写。（1.0分）

（2）综合验收结论应当包含施工是否满足规范或标准的要求，是否准许通过验收，工程质量是否符合设计文件、相关标准或规范的规定，对总体质量水平做出评价。（3.0分）

八、安全条例

背景资料：

某工程，建设单位通过公开招标，与甲施工单位签订了施工总承包合同，依据施工合同约定，甲通过招标将钢结构工程依法分包给乙施工单位。

施工过程中发生了如下事件：

事件1：甲施工单位项目经理安排技术员兼任施工现场安全员，并安排其编制深基坑支护与降水工程专项施工方案，项目经理对该施工方案进行安全估算后，即组织现场施工，并将施工方案报送了项目监理机构。

事件2：为了满足钢结构吊装施工的需要，甲施工单位向设备租赁公司租用了一台大型起重塔吊，委托了一家具有相应资质的安装单位进行塔吊安装，安装完成后，由甲、乙施工单位对该塔吊共同进行了验收，验收合格后投入使用，并在30日内到有关部门进行了登记。

事件3：钢结构施工中，专监在现场发现乙使用的高强度螺栓未经报验，存在严重的安全隐患，即向乙签发了《工程暂停令》，并报告了总监。甲得知后也要求乙立即停工整改，乙为赶工期，边施工边报验，项目监理机构及时报告了有关主管部门。报告发出的当天，发生了因高强度螺栓不符合质量标准导致的钢梁高空坠落事故，造成3人死亡、1人重伤。

事件4：事故发生1小时后，项目经理向单位负责人报告了事故情况，单位负责人依法向有关行政主管部门进行了报告。工程所在地的县级人民政府委托事故发生单位组织事故调查组进行了事故调查。

问题：

1. 在事件1中，指出项目经理做法的不妥之处，写出正确做法。

2. 对于事件2，指出塔吊验收中的不妥之处，并说明理由。

3. 在事件3中，专监做法是否妥当？说明理由。在上述安全事故中，甲、乙施工单位各应承担什么责任？说明理由。

4. 指出事件4中的不妥之处，说明原因。

5. 简述事故调查报告的内容。

答案：

1.（本小题7.5分）

（1）“安排技术员兼任施工现场安全员”不妥；（0.5分）

正确做法：施工现场应配备专职安全管理人员。（1.0分）

（2）“安排其编制深基坑支护与降水工程专项施工方案”不妥；（0.5分）

正确做法：应由施工单位的相关部门或项目经理组织编制深基坑支护与降水工程专项施工方案，并由施工单位组织专家进行论证审查。（1.0分）

（3）“项目经理对该施工方案进行安全估算”不妥；（0.5分）

正确做法：应由专项施工方案编制人对施工方案进行安全验算。（1.0分）

（4）“即组织现场施工”不妥；（0.5分）

正确做法：施工方案经论证审查合格，并由施工单位技术负责人和总监签字后，方可组织施工。（1.0分）

（5）“将施工方案报送了项目监理机构”不妥；（0.5分）

正确做法：深基坑支护与降水工程专项施工方案编制完成后，应经施工单位组织专家审查论证合格后，由施工单位技术负责人签字，然后报送项目监理机构，总监审查合格签字后，方可组织施工。（1.0分）

2.（本小题1.5分）

“由甲、乙施工单位对塔吊共同进行验收，验收合格后投入使用”不妥；（0.5分）

理由：应由甲施工单位、乙施工单位、安装单位、设备租赁公司共同进行验收，合格后方可投入使用。（1.0分）

3.（本小题5.0分）

（1）不妥；（0.5分）

理由：专监无权签发《工程暂停令》，专监应报告总监，由总监向甲施工单位签发《工程暂停令》，乙施工单位是分包单位，与建设单位没有合同关系。（1.0分）

（2）甲施工单位承担连带责任；（0.5分）

理由：甲施工单位是总承包单位，乙施工单位是分包单位，总承包单位与分包单位就分包工程的安全承担连带责任。（1.0分）

乙施工单位承担主要和直接责任；（1.0分）

理由：乙施工单位未执行甲施工单位的指令，该事故的直接原因是使用的高强螺栓未经报验。（1.0分）

4.（本小题3.0分）

（1）“事故发生1小时后，项目经理向单位负责人报告了事故情况”不妥；（0.5分）

因事故发生后，项目经理应及时向单位负责人报告。（1.0分）

（2）“工程所在地的县级人民政府委托事故发生单位组织事故调查组进行了事故调查”不妥；（0.5分）

因造成3人死亡属于较大事故，并且已经造成了人员伤亡，应由县级人民政府负责事故调查。（1.0分）

5.（本小题3.0分）

（1）事故发生单位概况；（0.5分）

（2）事故发生经过和事故救援情况；（0.5分）

（3）事故造成的人员伤亡和直接经济损失；（0.5分）

（4）事故发生的原因和事故的性质；（0.5分）

（5）事故责任的认定以及对事故责任者的处理建议；（0.5分）

（6）事故防范和整改措施。（0.5分）

九、安全检查

背景资料：

某市建筑公司承建的供电公司职工培训楼工程，地下1层，地上12层，建筑面积24000m^2，钢筋混凝土框架结构，计划竣工日期为2006年8月8日。

2006年4月28日，市建委有关管理部门按照《建筑施工安全检查标准》JGJ 59—99等有关规定对本项目进行了安全质量大检查。检查人员在询问项目经理有关安全职责履行情况时，项目经理认为他已配备了专职安全员，而且给予其经济奖罚等权力，他已经尽到了安全管理责任，安全搞得好坏那是专职安全员的事；在对专职安全员进行考核时，当问到《安全管理检查评分表》检查项目的保证项目有哪几项时，安全员只说到了“目标管理”“施工组织设计”两项；检查组人员在质量检查时，还发现第二层某柱下部混凝土表面存在较严重的“蜂窝”现象。

检查结束后检查组进行了讲评，并宣布部分检查结果如下：

（1）该工程《文明施工检查评分表》《“三宝”“四口”防护检查评分表》《施工机具检查评分表》等分项检查评分表（按百分制）实得分分别为80分、85分和80分（以上分项中的满分在汇总表中分别占20分、10分和5分）；

（2）《起重吊装安全检查评分表》实得分为0分；

（3）汇总表得分值为79分。

问题：

1.项目经理对自己应负的安全管理责任的认识全面吗？说明理由。

2.专职安全员关于《安全管理检查评分表》中保证项目的回答还应包括哪几项？

3.该工程的混凝土表面的“蜂窝”现象应该如何处理？

4.根据各分项检查评分表的实得分换算成汇总表中相应分项的实得分。

5.本工程安全生产评价的结果属于哪个等级？说明理由。

答案：

1.（本小题4.0分）

不全面；（1.0分）

理由：项目经理对工程项目的施工安全负有全面的管理责任，其安全管理责任具体还应包括：（0.5分）

（1）落实项目经理部各级各类人员的安全责任制；（0.5分）

（2）落实企业的各项安全生产规章制度和操作规程；（0.5分）

（3）有效使用安全生产费用，做到专款专用；（0.5分）

（4）制定各类安全措施，消除安全事故隐患；（0.5分）

（5）事故发生后，及时如实上报事故情况。（0.5分）

2.（本小题5.0分）

（1）安全生产责任制；（1.0分）

（2）分部（分项）工程安全技术交底；（1.0分）

（3）安全检查；（1.0分）

（4）安全教育；（1.0分）

（5）应急救援。（1.0分）

3.（本小题4.0分）

（1）剔除表面存在较严重“蜂窝”的混凝土；（1.0分）

（2）用清水冲刷干净，并充分湿润；（1.0分）

（3）使用高一强度等级的细石混凝土填塞；（1.0分）

（4）振捣密实并养护。（1.0分）

4.（本小题3.0分）

（1）《文明施工检查评分表》

80×(20÷100)=16分。（1.0分）

（2）《“三宝”“四口”防护检查评分表》

85×(10÷100)=8.5分。（1.0分）

（3）《施工机具检查评分表》

80×(5÷100)=4分。（1.0分）

5.（本小题4.0分）

不合格等级；（1.0分）

理由：具备下列条件之一的安全检查等级为不合格：

（1）任何一个安全项目的安全检查评分表得分为0分；（1.0分）

（2）安全检查汇总表的得分在70分以下。（1.0分）

该工程的《起重吊装安全检查评分表》实得分为0分，等级为不合格。（1.0分）

十、专项施工方案

背景资料：

沿海地区某高层办公楼，建筑面积125000m²，地下3层，地上26层，现浇钢筋混凝土结构，基坑开挖深度16.30m。建设单位与施工总承包单位签订了施工总承包合同。

合同履行过程中，发生了如下事件：

事件1：施工总承包单位将地下连续墙工程分包给某具有相应资质的专业公司，未报建设单位审批；依据合同约定将装饰装修工程分别分包给具有相应资质的三家装饰装修公司。上述分包合同均由施工总承包单位与分包单位签订，且均在安全管理协议中约定分包工程安全事故责任全部由分包单位承担。

事件2：施工总承包单位将深基坑支护设计委托给专业设计单位，专业设计单位根据地质勘测报告选择了地下连续墙加内支撑的支护结构形式。施工总承包单位编制了深基坑开挖专项施工方案，内容包括工程概况、编制依据、施工计划、施工工艺技术、劳动力计划。该方案经专家论证，补充了有关内容后，按程序通过了审批。

事件3：施工总承包单位为了提醒、警示施工现场人员时刻认识到所处环境的危险性，随时保持清醒和警惕，在现场出入口和基坑边沿设置了明显的安全警示标志。

问题：

1.指出事件1中的不妥之处，分别说明理由。

2.除地质勘测报告外，基坑支护结构形式选型依据还有哪些？

3.本工程深基坑开挖专项施工方案补充了哪些主要内容？

4.事件3中，施工现场还应在哪些位置设置安全警示标志（至少列出五项）？

答案：

1.（本小题 4.0 分）

（1）“施工总承包单位将地下连续墙工程分包给某具有相应资质的专业公司，未报建设单位审批”不妥；（1.0 分）

理由：根据相关规定，工程分包应依据合同的约定进行；合同中未约定的，应经建设单位同意后，方可进行分包。（1.0 分）

（2）“安全协议中约定分包工程安全事故责任全部由分包单位承担”不妥；（1.0 分）

理由：根据相关规定，施工总承包单位应对施工现场的安全负总责，并与分包单位就分包工程的安全承担连带责任。（1.0 分）

2.（本小题 2.0 分）

除地质勘测报告外，基坑支护结构形式选型依据有土质情况、地下水位、基坑深度、周边环境等资料。（2.0 分）

3.（本小题 2.0 分）

专项施工方案补充的内容有：施工安全保证措施，包括组织保障、技术措施、应急预案、监测监控等；计算书及相关图纸。（2.0 分）

4.（本小题 5.0 分）

《安全条例》第二十八条　施工单位应当在施工现场入口处、施工起重机械、临时用电设施、脚手架、出入通道口、楼梯口、电梯井口、孔洞口、桥梁口、隧道口、基坑边沿、爆破物及有害危险气体和液体存放处等危险部位，设置明显的安全警示标志。

十一、安全隐患

背景资料：

某公共建筑工程，建筑面积 22000m^2，地下 2 层，地上 5 层，层高 3.2m，钢筋混凝土框架结构。大堂一至三层中空，大堂顶板为钢筋混凝土井字梁结构。屋面设有女儿墙，屋面防水材料采用 SBS 卷材，某施工总承包单位承担施工任务。

合同履行过程中，发生了下列事件：

事件 1：施工总承包单位根据《危险性较大的分部分项工程安全管理办法》，会同建设单位、监理单位、勘察设计单位相关人员，聘请了外单位五位专家及本单位总工程师共计六人组成专家组，对《土方及基坑支护工程施工方案》进行论证。专家组提出了口头论证意见后离开，论证会结束。

事件 2：施工总承包单位根据《建筑施工模板安全技术规范》，编制了《大堂顶板模板工程施工方案》，并绘制了模板及支架示意图如图 7 所示。监理工程师审查后要求重新绘制。

问题：

1. 指出事件 1 中的不妥之处，并分别说明理由。
2. 指出事件 2 中模板及支架示意图的不妥之处，分别写出正确做法。

答案：

1.（本小题 4.0 分）

（1）“聘请了外单位五位专家及本单位总工共计六人组成专家组”不妥；（1.0 分）

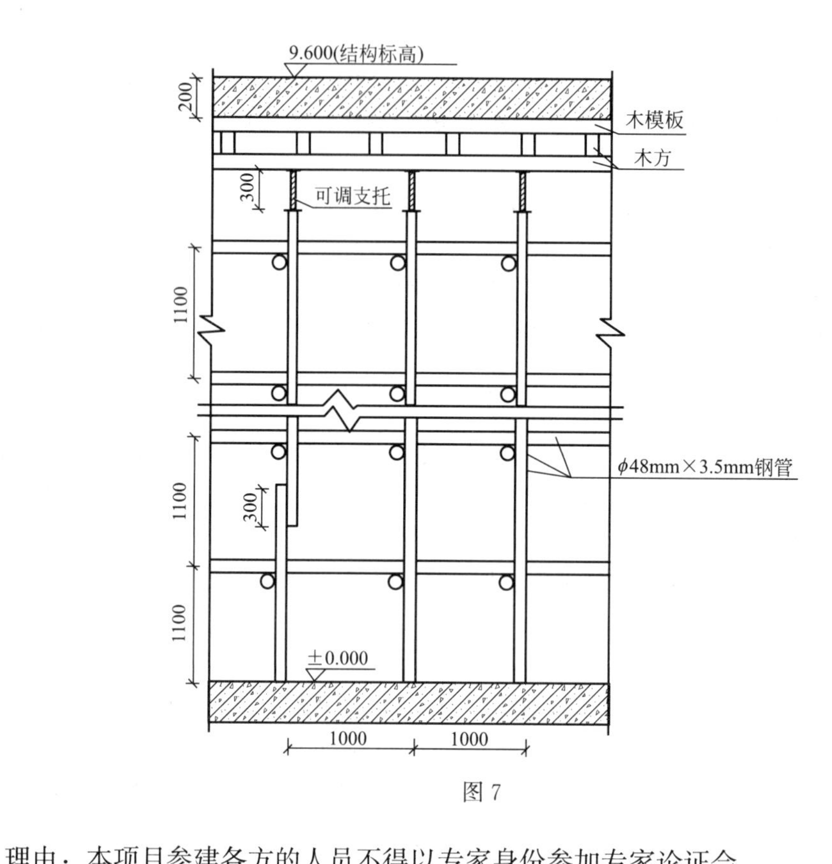

图 7

理由：本项目参建各方的人员不得以专家身份参加专家论证会。（1.0分）

（2）“专家组提出了口头论证意见后离开”不妥；（1.0分）

理由：专项方案经论证后，专家组应当提交论证报告，对论证的内容提出明确的意见，并在论证报告上签字。（1.0分）

2.（本小题7.0分）

（1）“立柱底部没有设置垫木和底座”不妥；（0.5分）

正确做法：立柱底部应设置垫木和底座。（0.5分）

（2）“立柱底部没有设置纵横扫地杆”不妥；（0.5分）

正确做法：在距离地面200mm高的立柱底部，按纵上横下设置纵横扫地杆。（0.5分）

（3）“没有设置剪刀撑”不妥；（0.5分）

正确做法：应设置竖向和水平的连续剪刀撑。（0.5分）

（4）“立柱的接长采用搭接方式”不妥；（0.5分）

正确做法：立柱的接长采用对接扣件的连接。（0.5分）

（5）“48mm×3.5mm钢管”不妥；（0.5分）

正确做法：钢管直径应为48.3mm×3.6mm。（0.5分）

（6）“顶部未设水平杆”不妥；（0.5分）

正确做法：顶部应设水平杆。（0.5分）

（7）“顶部可调支托300mm”不妥；（0.5分）

正确做法：顶部可调支托应在200mm范围内。（0.5分）

十二、招标投标

背景资料：

某政府投资建设的大型市政工程，招标人以公开招标方式自行组织招标，共有 15 家投标申请人报名。招标过程中发生了如下事件：

事件 1：共有 12 家投标申请人通过资格预审，招标人对该 12 家投标申请人进行了公示，并以电话形式通知其资格预审合格。

事件 2：招标文件发售前，招标人组织了现场勘察；在现场勘察过程中，某投标申请人对招标文件中的地质情况提出质疑；招标人于投标截止时间前 10 天，向该投标申请人进行了答疑。

事件 3：评标委员会按招标文件中规定的经评审的最低投标价法进行了评标，其中 A 投标人的报价最低，但评标委员会认为该报价低于其成本。评标委员会经评审后，推荐第一、二、三名中标候选人依次为 B、C、D 投标人。招标人认为 B 投标人资信情况较差，拟与 C 投标人签订合同。

事件 4：在投标有效期截止时间前 20 天，招标人确定了中标人，并同时向中标人发出了中标通知书，但中标人以该项目利润太低为由拒绝与招标人签订合同。

问题：

1. 指出招标人在招标过程中做法的不妥之处？说明原因。

2. 事件 3 中评标委员会应如何认定 A 的报价低于其成本？

3. 事件 4 中中标人拒绝与招标人签订合同时，应对中标人如何处理？

答案：

1.（本小题 14.0 分）

（1）事件 1 中：

"招标人对该 12 家投标申请人进行了公示"不妥；（1.0 分）

因为招标人不得透露潜在投标人的名称和数量。（1.0 分）

"并以电话形式通知其资格预审合格"不妥；（1.0 分）

因为招标人应以书面形式通知所有参加资格预审的投标申请人。（1.0 分）

（2）事件 2 中：

"招标文件发售前，招标人组织了现场勘察"不妥；（1.0 分）

因为招标文件发售后，招标人方可组织现场勘察。（1.0 分）

"招标人于投标截止时间前 10 天，向该投标申请人进行了答疑"不妥；（1.0 分）

因为招标人应于投标截止时间 15 天前，将书面答疑发给所有购买招标文件的投标申请人。（1.0 分）

（3）事件 3 中：

"招标人认为 B 投标人资信情况较差，拟与 C 投标人签订合同"不妥；（1.0 分）

因为招标人应与排名第一的中标候选人签订合同。（1.0 分）

（4）事件 4 中：

"在投标有效期截止时间前 20 天，招标人确定了中标人"不妥；（1.0 分）

因为应当在投标有效期截止时间 30 个工作日前，确定中标人。（1.0 分）

"并同时向中标人发出了中标通知书"不妥；（1.0 分）

因为招标人应当在确定中标人后的15日内向有关行政主管部门提交书面报告，有关行政主管部门接到报告后5日内未提出异议的，招标人方可发出中标通知书。（1.0分）

2.（本小题3.0分）

认为A的报价可能低于其成本时，应当要求A做出书面说明并提供证明资料；（1.0分）

如A不能做出合理的书面说明或不能提供证明资料；（1.0分）

评标委员会可以认定A的报价低于其成本，作为无效标处理。（1.0分）

3.（本小题3.0分）

（1）没收其投标保证金；（1.0分）

（2）造成的损失超过投标保证金的，要求其赔偿超过部分；（1.0分）

（3）上报有关行政主管部门，请求对该投标人进行行政处罚。（1.0分）

十三、示范文本

背景资料：

监理单位承担了某工程的施工阶段监理任务，该工程由甲施工单位总承包。甲施工单位经建设单位同意并经监理单位进行资质审查合格的乙施工单位作为分包单位。

施工过程中发生了以下事件：

事件1：专监在熟悉图纸时发现，基础工程部分设计内容不符合国家有关工程质量标准和规范。总监随即致函设计单位要求改正并提出更改建议方案。设计单位研究后，口头同意了总监的更改方案，总监随即将更改的内容写成监理指令通知甲施工单位执行。

事件2：施工过程中，专监发现乙施工单位施工的分包工程部分存在质量隐患，为此，总监同时向甲、乙两个施工单位发出了整改通知。甲施工单位回函称：乙施工单位施工的工程是经建设单位同意进行分包的，所以本单位不承担该部分工程的质量责任。

事件3：专监在巡视时发现，甲施工单位在施工过程中使用未经报验的建筑材料，若继续施工，该部位将被隐蔽。因此，立即向甲施工单位下达了暂停施工的指令（因甲施工单位的工作对乙施工单位有影响，乙施工单位也被迫停工）。同时，指示甲施工单位将该材料进行检验，并报告了总监。总监对工序停工予以确认，并在合同约定的时间内报告了建设单位。检验报告出来后，证实材料合格，可以使用，总监随即指令施工单位复工。

事件4：乙施工单位就上述停工自身遭受的损失向甲施工单位提出补偿要求，而甲施工单位称此次停工是执行监理指令，乙施工单位应向建设单位提出索赔。

事件5：总监理工程师根据现场反馈的信息及质量记录分析，对某部位隐蔽工程的质量有怀疑，随即指令甲施工单位暂停施工，要求剥离检验。甲施工单位称：该部位隐蔽工程已经专业监理工程师验收，若剥离检验，监理单位需赔偿由此造成的损失并相应延长工期。

问题：

1.事件1中，请指出总监上述行为的不妥之处，并说明理由。

2.事件2中，甲施工单位的答复是否妥当？为什么？总监签发的整改通知是否妥当？为什么？

3.事件3中，专监是否有权签发本次暂停令？为什么？

4.事件4中，甲施工单位的说法是否正确？为什么？乙施工单位的损失应由谁承担？

5.事件5中，总监的做法是否正确？为什么？试分析剥离检验的可能结果及责任承担。

答案：

1.（本小题4.0分）

（1）“总监随即致函设计单位要求改正并提出更改建议方案”不妥，因总监应报告建设单位，由建设单位要求设计单位改正，并编制设计变更文件。（2.0分）

（2）“总监随即将更改的内容写成监理指令通知甲施工单位执行”不妥，因总监应在接到设计变更文件时，才能签发《工程变更单》，指令通知甲施工单位执行。（2.0分）

2.（本小题6.0分）

（1）甲施工单位的答复不妥，因甲施工单位是总包单位，工程分包不解除总包单位的任何合同责任和义务；总包单位与分包单位就分包工程的质量承担连带责任。（3.0分）

（2）总监签发的整改通知不妥，因乙施工单位是分包单位，与建设单位没有合同关系；总监只能向甲施工单位签发，要求甲施工单位指令乙施工单位整改。（3.0分）

3.（本小题2.0分）

专监无权签发暂停令，因在任何情况下都只能由总监签发工程暂停令。（2.0分）

4.（本小题4.0分）

（1）甲施工单位的说法不正确，因乙施工单位是分包单位，与建设单位没有合同关系，而与甲施工单位是总分包的合同关系，只能向甲施工单位提出补偿要求。（2.0分）

（2）乙施工单位的损失应由甲施工单位承担，因建筑材料未经报验是甲施工单位责任事件。（2.0分）

5.（本小题4.0分）

（1）总监的做法不正确；（1.0分）

因指令甲施工单位暂停施工前，应征得建设单位同意。（1.0分）

（2）结果及责任承担：

1）结果：合格与不合格。（1.0分）

2）如检验合格，建设单位承担全部费用，工期相应顺延；如检验不合格，施工单位承担全部费用，工期不予顺延。（1.0分）

十四、综合题型

背景资料：

某政府机关在城市繁华地段建一幢办公楼。在施工招标文件的附件中要求投标人具有垫资能力，并写明：投标人承诺垫资每增加500万元的，评标增加1分。某施工总承包单位中标后，因设计发生重大变化，需要重新办理审批手续。为了不影响按期开工，建设单位要求施工总承包单位按照设计单位修改后的草图先行开工。

施工中发生了以下事件：

事件1：施工总承包单位的项目经理在开工后又担任了另一个工程的项目经理，于是项目经理委托执行经理代替其负责本工程的日常管理工作，建设单位为此提出异议。

事件2：施工总承包单位以包工包料的形式将全部结构工程分包给劳务公司。

事件3：在底板结构混凝土浇筑过程中，为了不影响工期，施工总承包单位在连夜施工的同时，向当地行政主管部门报送了夜间施工许可申请，并对附近居民进行公告。

事件4：为便于底板混凝土浇筑施工，基坑周围未设临边防护；由于现场架设灯具照明不够，工人从配电箱中接出220V电源，使用行灯照明进行施工。

为了分解垫资压力，施工总承包单位与劳务公司的分包合同中写明：建设单位向总承包单位支付工程款后，总承包单位才向分包单位付款，分包单位不得以此要求总承包单位承担逾期付款的违约责任。

为了强化分包单位的质量安全责任，总、分包双方还在补充协议中约定，分包单位出现质量安全问题，总承包单位不承担任何法律责任，全部由分包单位自己承担。

问题：

1.建设单位招标文件是否妥当？说明理由。

2.施工总承包单位开工是否妥当？说明理由。

3.事件1至事件3中施工总承包单位的做法是否妥当？说明理由。

4.指出事件4中的错误，并写出正确做法。

5.分包合同条款能否规避施工总承包单位的付款责任？说明理由。

6.补充协议的约定是否合法？说明理由。

答案：

1.（本小题3.0分）

不妥当；（1.0分）

理由：根据相关规定，招标人不得要求投标人垫资，并不能把承诺垫资作为加分的条件，这是以不合理的条件限制或排斥投标人。（2.0分）

2.（本小题4.0分）

不妥当；（1.0分）

理由：根据相关规定，施工图设计文件未经审查批准不得使用，建设行政主管部门不得颁发施工许可证；未取得施工许可证，施工单位不得开工。（3.0分）

3.（本小题9.0分）

（1）事件1中，施工总承包单位的做法不妥；（1.0分）

理由：根据相关规定，一个项目经理不应担任两个项目的项目经理。（2.0分）

（2）事件2中，施工总承包单位的做法不妥；（1.0分）

理由：根据相关规定，以包工包料的形式将全部结构工程分包给劳务公司，这属于违法分包行为。（2.0分）

（3）事件3中，施工总承包单位的做法不妥；（1.0分）

理由：根据相关规定，在城市市区范围内从事建筑工程施工，施工总承包单位应在取得夜间施工许可证，并对附近居民进行公告后，方可进行夜间施工。（2.0分）

4.（本小题6.0分）

（1）“底板混凝土浇筑施工时，基坑四周未设临边防护”错误；（1.0分）

正确做法：底板混凝土浇筑施工时，基坑四周必须进行临边防护，包括设置防护栏杆、挡脚板、安全网和警示标志。（2.0分）

（2）“工人从配电箱中接出220V电源，使用行灯照明进行施工”错误；（1.0分）

正确做法：使用行灯照明时，电压不得超过36V。（2.0分）

5.（本小题4.0分）

分包合同条款不能规避施工总承包单位的付款责任；（1.0分）

理由：根据相关规定，合同法律关系是独立的，施工总承包合同和劳务分包合同是两个独立的合同；建设单位依据施工总承包合同支付工程款；总承包单位依据劳务分包合同支付分包工程款，总承包单位不能以建设单位未付工程款为由拒付分包单位的工程款。

（3.0分）

6.（本小题4.0分）

补充协议的约定不合法；（1.0分）

理由：根据相关规定，总承包单位依法将部分工程分包的，不解除总承包单位的任何合同责任和义务；总承包单位应当对全部建设工程质量负责，总承包单位与分包单位对分部工程的质量承担连带责任；由总承包单位对施工现场的安全总负责，总承包单位与分包单位对分包工程的安全生产承担连带责任。（3.0分）